电吸附地球化学找矿法

周奇明　卢宗柳　黄书俊　徐文超
赖锦秋　黄华鸾　杨芳芳　陆一敢　著

北　京
冶　金　工　业　出　版　社
2006

内 容 简 介

本书主要介绍电吸附地球化学找矿法的原理、野外工作方法、室内电吸附条件的选择、电吸附步骤、在已知矿床上的找矿有效性试验、金属矿床和油气田电吸附异常理想模式及在未知区的应用效果。

本书介绍的科研成果先后得到“八五”~“十五”国家科技攻关(90051-10-F3、969140302、2001BA609A0603 和 2004BA615A003),国家公益专项基金(2001D1B10054),广西青年科学基金(桂科青 0135018)和广西自然科学基金(桂科自 0640181)的资助。

本书可供从事地质、地球化学找矿的生产、科研和教学人员参考。

图书在版编目(CIP)数据

电吸附地球化学找矿法/周奇明等著.—北京:冶金工业出版社,2006.12

ISBN 7-5024-4108-5

Ⅰ.电… Ⅱ.周… Ⅲ.地球化学勘探 Ⅳ.P632

中国版本图书馆 CIP 数据核字(2006)第 113352 号

出 版 人 曹胜利(北京沙滩嵩祝院北巷 39 号,邮编 100009)
责任编辑 郭冬艳 美术编辑 李 心 张媛媛
责任校对 杨 力 李文彦 责任印制 丁小晶
北京百善印刷厂印刷;冶金工业出版社发行;各地新华书店经销
2006 年 12 月第 1 版, 2006 年 12 月第 1 次印刷
787mm×1092mm 1/16; 7.5 印张; 178 千字; 110 页; 1-2000 册
29.00 元
冶金工业出版社发行部 电话:(010)64044283 传真:(010)64027893
冶金书店 地址:北京东四西大街 46 号(100711) 电话:(010)65289081
(本社图书如有印装质量问题,本社发行部负责退换)

序

随着找矿工作的不断深入，显露于地表及浅部易于发现的矿产资源越来越少，在厚层基岩和堆积物覆盖区寻找盲矿和掩埋矿已成为地质勘查工作亟需研究解决的重要课题，这就需要新的找矿思路和新的技术方法。

地球化学找矿的理论和方法在整个矿床勘查领域中占有极为重要的地位，找矿效果显著，特别是在寻找深埋藏隐伏矿方面发挥了独特的作用。例如，根据矿床原生晕的元素轴（垂）向分带规律预测矿床的剥蚀程度和深部盲矿取得了良好的效果；在寻找常规化探难以发现的，被厚层基岩和堆积物覆盖的盲矿和掩埋矿方面，非常规化探方法中的盐晕找矿法、偏提取找矿法、壤中汞气和土壤热释汞找矿法、地电化学勘探法等技术方法都发挥了重要的作用。

本专著作者所创立的电吸附地球化学找矿法是在探索研究寻找深部矿方法技术的过程中产生的，它的理论依据是深埋藏隐伏矿在各种地质、地电化学作用下发生溶解，溶解出来的矿物质在各种迁移动力的驱动下向上迁移扩散，在矿体围岩及地表土壤等介质中形成后生地球化学异常。电吸附找矿法是在室内用特殊的装置，对样品溶液进行通电处理，把含量很低的后生异常中的活动态组分解脱出来，并用吸附介质吸附富集，从而用来寻找深埋矿的一种方法。多年来，本书作者先后进行了电吸附异常形成机制、找矿依据及电吸附异常模式的研究。通过各种条件试验、干扰因素的研究，总结并提出了有效的野外及室内工作的方法和技术。

十几年来，本书作者先后在我国西北、华北、华东、华南和西南等十几个矿区，对不同埋深的典型盲矿和掩埋矿进行了电吸附找矿方法有效性的试验，涉及矿种有铜、钴、金、铅、锌、锡等金属矿和非金属矿——油气藏，成因类型包括高、中、低温热液型，沉积变质改造型，沉积型等矿床。大量的试验结果表明，不同地球化学景观条件下的不同矿种、不同成因的盲矿和掩埋矿都有很好的电吸附异常反映。作者还在多个地区应用电吸附找矿法寻找金属矿和油气藏工作，部分成矿预测靶区经深部地质工程验证已见金属矿体和工业油流，取得了明显的经济效益和社会效益。证实了电吸附找矿法是寻找隐伏金属矿和隐蔽油气藏的一种有效的新技术、新方法。

虽然，电吸附找矿法与盐晕找矿法、偏提取找矿法、地电化学勘探法等一样，都是提取后生地球化学异常中的活动态组分，但本书作者在提取方法的研究上另辟蹊径，独树一格，具有开拓性和创新性。与其他类似方法相比，它具有室内设备简单，技术方法容易操作，成本低廉，工作效率高，易于普及推广和可大规模生产应用等优点。该专著是作者十几年来研究成果的总结，它的出版必将扩大地球化学勘探技术的应用领域，在当前正在开展的深部找矿工作中发挥一定的作用。

我祝贺这一专著的出版，并对作者们勇于开拓、锲而不舍的精神表示敬意！

[illegible]

2006.5.25.

前　言

随着找矿工作的不断深入，易于发现的露头矿和浅埋藏矿已越来越少，找矿目标已逐渐转入到难以发现的深埋藏隐伏矿上，找矿的难度越来越大。为了解决这个难题，近几十年来，地球化学界许多研究者探索研究各种各样的新技术、新方法，有些新技术和新方法已经获得了成功，并得到推广应用。

电吸附地球化学找矿法（简称电吸附找矿法）是在探索研究寻找隐伏矿方法和技术的过程中产生的。该方法属地球化学找矿活动态组分提取法的一种，它是在室内用特殊的装置，对样品溶液进行通电处理，把含量很低的后生异常中的活动态组分解脱出来，用吸附介质吸附富集，从而利用它来寻找深埋矿的一种方法。该方法作者于1993年就开始进行试验研究，通过十余年坚持不懈的努力，该方法已基本成熟，近几年已开始应用于找矿实践，在寻找隐伏金属矿床和油气藏工作中取得较明显的效果。此前，作者曾陆续在有关刊物上发文阐述该方法的找矿原理及试验效果，但资料比较零碎，为了更好地与同行们进行技术交流和协作，共同推动寻找隐伏矿新技术、新方法的不断发展，我们将资料较系统地进行整理编辑成书，供有关人员参考。

本书共六章，第一章介绍目前国内外非常规地球化学找矿方法的研究现状；第二章介绍地电提取测量法国内外的发展现状并对其进行评述，在此基础上提出电吸附找矿法的可行性，并论述了电吸附找矿法寻找金属矿床和油气藏的原理；第三章介绍电吸附找矿法的工作程序，包括野外工作方法、室内电吸附条件的选择、电吸附步骤和样品的分析测试方法；第四章阐述电吸附找矿法在已知金属矿床和油气藏上的试验效果；第五章论述金属矿床和油气田电吸附异常理想模式；第六章阐述电吸附找矿法在未知区寻找金属矿床和油气藏的效果。

电吸附地球化学找矿方法的研究先后得到“八五”～“十五”国家科技攻关(90051-10-F3、969140302、2001BA609A0603 和 2004BA615A003)、国家公益专项基金(2001D1B10054)、广西青年科学基金（桂科青 0135018)和广西自然科学基金（桂科自 0640181)的资助项目以及若干横向课题项目的经费支持。该方法的成功与这些基金和项目经费的大力支持以及桂林矿产地质研究院及其所属桂林矿产地质研究所各级领导的大力支持和鼓励是分不开的，是项目课题组全体成员共同努力的结果。在该方法的研究过程中得到国家科学技术部、中国石油天然气股份有限公司科学技术发展部、广西科学技术厅、大港油田、河南地质调查院洛阳分院、湖南康家湾铅锌金银矿、福建双旗山金矿、广西融安桥板乾旺铅锌矿等单位及桂林矿产地质研究所全体成员的大力支持和协作，我国化探界元老、冶金和有色金属系统化探创始人欧阳宗圻先生为本书写序，作者在此一并表示衷心的感谢！

本书第一章、第二章和第三章中的第一、二、四节由周奇明编写，第三章第三节由赖锦秋、黄华鸾编写，第四章由卢宗柳、周奇明、徐文超编写，第五章由黄书俊编写，第六章由杨芳芳、陆一敢编写，最后由黄书俊统稿，插图、文字录入等由杨芳芳、陆一敢完成。参加研究的人员有周奇明、卢宗柳、周立宏、周建生、王建华、杨仲平、赖锦秋、徐文超、王文革、祝文亮、黄华鸾、徐庆鸿，先后参加部分研究的有张茂忠、李水明、吴开华、何政才、李大德、姚锦其、黄念韶、杨芳芳、黄书俊、陆一敢。

由于作者水平所限，书中不足之处，敬请读者批评指正。

作者
2006年

目　录

第一章　目前国内外非常规地球化学找矿方法的研究现状

第一节　国外非常规地球化学找矿方法的研究现状

随着找矿工作的深入开展，易于发现的露头矿和浅埋藏矿已越来越少，找矿目标已逐渐转入到地表上难以发现的被厚层基岩所覆盖的盲矿和被外来厚层堆积物所覆盖的掩埋矿。常规地球化学找矿方法对于寻找露头矿和浅埋藏矿无疑是有效的，但对于寻找深埋藏隐伏矿已显得无能为力。因此，20 世纪 70 年代以来，寻找隐伏矿的难题逐渐被世界各国重视，其中地球化学找矿新方法新技术的研究也成为各国的重点研究方向。世界各国在对常规地球化学找矿技术进行改进的同时，先后开展了用于提取反映深部矿化信息的新方法和新技术的研究。用于寻找隐伏矿的地球化学找矿新技术和新方法主要有：盐晕找矿法、偏提取法、相态分析法、地气法、金属离子活动态方法、酶提取法、热磁法、有机络合物法、离子晕法、地电提取法、壤中汞气和热释汞测量方法、放射性勘探方法、生物测量探矿法、热释光法、有机烃气测量法等。目前，国外研究和使用较多的是金属气体地球化学测量和弱信息偏提取技术。

金属气体地球化学测量是根据金属元素的气态形式能够存在于地壳表面而开展的。20 世纪 70 年代初，加拿大巴林杰公司曾秘密从事气溶胶测量达十年之久，先后研究过空气中微迹元素测量系统(Airtrace)和地表微迹元素测量系统(Surtrace)，他们采用 ICP 分析大气微尘中的 20 种金属组分，后因影响因素较多，测试结果重现性差而宣告失败。80 年代初，瑞典波利德公司研究并提出一种新的“金属气体测量”技术(被动地气法)，通过 30 多个已知矿床的试验研究，证明该方法有效。之后，捷克、俄罗斯、德国、澳大利亚、美国、加拿大等国先后进行过这方面的研究。但是，由于对该方法的理论基础认识分歧较大，加上手段所限，在 20 世纪 90 年代后，国外基本放弃了这方面的研究。

自 20 世纪 70 年代以来，国外勘查地球化学家对弱信息偏提取技术(活动态测量技术)进行了大量研究，T T Chao(1984)曾对此进行了全面论述。20 世纪 80 年代以前，国外对偏提取方法技术的研究工作主要针对残坡积层覆盖地区，采样介质主要为残坡层土壤和基岩出露地区水系沉积物；分析方法研究主要集中在提取剂的选择和提取步骤的改进上，获得了不同提取剂、提取条件和提取步骤对提取结果影响方面的大量资料，并将这一技术应用于矿产勘查开发工作中，取得了很多有价值的成果。20 世纪 80 年代以来，苏联学者对覆盖区矿体上方的上置晕进行了深入研究，他们研究并开发了三种偏提取方法：(1) 化学法(水溶、焦磷酸钠提取等)；(2) 物理化学法(热磁法等)；(3) 电化学法(地电提取)。他们声称上述方法可在不同景观条件下发现深达 500 m 以上的隐伏矿体。

进入20世纪90年代,由于国外对覆盖区地球化学找矿的重视,偏提取技术研究与开发再次成为勘查地球化学界的研究热点。美国地质调查所Clark等(1994)将微生物引入偏提取技术——酶浸法,即利用葡萄糖酶淋滤浸出非晶质氧化膜中的金属元素,该方法主要用于运积物覆盖区的找矿工作,在Basin和Range地区,对4个山前冲积平原覆盖的隐伏银矿进行了酶提取试验研究,所获得的地球化学异常衬度大,如在Rabbit Creek埋深180 m的银矿上方一些指示元素异常衬度达100;Mag和Clay Pit金矿的B层土壤酶淋滤研究发现,已知矿上方出现高衬度的多元素异常。澳大利亚Mann等(1995)采用一种或几种弱的提取剂提取样品中所谓活动金属粒子(MMI),在70多个地区进行了试验,取得了非常好的效果,在被覆盖物覆盖几米到700 m的矿体上方均出现了一定强度的地球化学异常。

20世纪末以来,偏提取技术研究更为活跃。加拿大G E M Hall(1996,1998)就偏提取分析进行了专门研究和论述,特别是ICP-MS在偏提取分析中的应用进行了较多研究。1998年,Journal of Geochemical Exploration出版了偏提取研究专集,共收集论文12篇,其中Gray等(1998)观察了偏提取过程中金的再吸附现象并提出可能的解决方案;J R Yeager等(1998)研究了密西西比型铅锌矿体上方酶提取金属元素的异常特征;A F Bajc(1998)对比研究了加拿大安大略省冰积物覆盖区酶提取金属元素与活动态金属元素含量之间的关系。

矿产勘查中偏提取技术的发展可分为两个阶段,1972～1985年为第一阶段,1986～1999年为第二阶段。在第一阶段(微量分析阶段),地球化学勘查主要集中在基岩出露区,采样介质主要为水系沉积物和残坡积层土壤,20世纪80年代初,由于原子吸收光谱分析方法的发展,形成了偏提取技术的第一次高潮;当时的研究目的主要在于强化地球化学异常和研究元素表生地球化学分散规律。在第二阶段(痕量超痕量阶段),由于矿产勘查形势和勘查地球化学发展的需要,覆盖区找矿日益受到重视,同时,由于分析测试技术的发展,特别是无火焰原子吸收技术的成熟和ICP-MS技术的引进,使得痕量超痕量弱信息提取与测定有了技术保障;该阶段的研究目标主要是隐伏矿体的勘查问题,且本轮的研究热至今方兴未艾。

最近几年,西方学者进行了一项全面的“深穿透地球化学勘查技术研究”计划。该计划于1998年4月启动,由加拿大矿业研究会(CAMIRO)发起,26家矿业公司(来自美国、加拿大、智利、英国和澳大利亚)联合资助,主要研究地气(气态金属即纳米气)和偏提取技术。该计划的第一阶段已经结束,从1999年9月开始,继续进行更大范围、更深程度的第二阶段研究。由此可见,上述方法的有效性已经得到西方勘查地球化学家的认可,但在地气形成机理、采样方法、室内分析、数据处理以及异常解释等方面都存在着较多问题,研究难度大,需要进行更进一步的探索。

前苏联最早应用了地电提取(CHIM)异常元素的找矿方法,并在找矿方面发挥了作用,如Ю C雷斯(1986)在乌拉尔地区找铜矿获得了成功;A A Veikher等(1990)在乌兹别克斯坦找金矿获得了成功;I S Gol Dberg等(1990)在找铜、镍、铅、锌等矿中获得了成功。D B Smith等(1993)在克罗里达地区野外地电提取法找金、砷、锡等获得了成功;在地电提取的机理方面,G R Webber(1975)、B Bolviken(1975)、G J S Govett(1987)、S G Alekseev(1996)、S M Hamilton(1998)等众多地质学家和地球化学家,先后对地电提取方法的异常模式及成因机理进行过探讨研究,从而使得地电提取方法得到了一定程度上的完善。

第二节　国内非常规地球化学找矿方法的研究现状

我国是世界上始终坚持开展覆盖区地球化学勘查技术方法研究的少数国家之一。“地气”法自 20 世纪 80 年代引进我国后，原成都地质学院和原地质矿产部地球物理地球化学勘查研究所先后开展了这方面的试验研究，在金、多金属和铜镍矿上进行了方法有效性研究的同时，对“地气”的形成机理也进行了一些试验研究。为了加强地气方法和理论的研究，原地质矿产部科技司“九五”期间重点资助了“气体地球化学测量方法技术研究”，在某些方面取得了一定程度的进展，但由于受时间和手段所限，在许多方面还存在一些问题。目前，我国“金属气体”测量已经形成具有自己特色的两套技术系列：一种以中子活化为分析手段，采用主动或被动的预富集方法，以勘查金为主要目标的方法技术组合；另一种是以常规原子吸收为分析手段，采用主动或被动的预富集方法，以勘查贱金属为主要目标的方法技术组合。但是，国内的研究也存在许多问题，如基础理论研究薄弱、测量精密度低、资料可比性差和测量方法不统一等，所以已经获得的一些成果受到国外学者的质疑，因此，迫切需要进行深入的理论基础和方法技术研究，使该方法技术走向成熟。

我国在偏提取技术开发和应用方面也进行了多角度的试验研究。20 世纪 60 年代冷提取的应用，在当时的技术水平条件下，对地球化学找矿起到了一定的推动作用。20 世纪 80 年代，任天祥等先后在铜矿、铜镍矿、铅锌矿等矿床上采用了偏提取技术，研究元素赋存状态、迁移富集规律和寻找隐伏矿试验研究，获得了较好效果。20 世纪 70 年代末期，原中国有色金属工业总公司矿产地质研究院、地质矿产部地球物理地球化学勘查研究所、冶金工业部地球物理探矿公司等单位几乎同时开展了壤中汞气和土壤热释汞找矿新方法的研究，从测汞仪的研制到已知矿找矿有效性试验和未知区的找矿应用都开展了工作，并获得了丰硕的成果，该方法的研究成功，对地球化学找矿工作起到了相当大的推动作用，该方法现已广泛应用于寻找金属矿床和油气藏中。在此同时及其后，原中国有色金属工业总公司矿产地质研究院还先后开展了盐晕、土壤电导率和 pH、卤素、热释 CO_2、电吸附等找矿方法的研究，虽然这些方法不同程度地取得一定的试验效果，但由于种种原因，除电导率和电吸附找矿方法外，多数方法未被推广应用。

龚美菱(1993)进行了将相态分析技术应用于化探异常评价方面的尝试，获得了一些较好的认识。“八五”期间，熊昭春、周丽炘和杨少平等先后开展了不同价态金用于地球化学勘查的研究。“九五”期间，科技攻关项目重点研究了多种用于快速定位快速追踪的地球化学找矿方法，在许多方面获得了新的认识，并取得了一定的试验效果。另外，原核工业部、南京地质学校、地质矿产部、有色金属系统和冶金系统有关单位也先后进行了地电提取测量法的试验和应用研究，取得一定的成果。近年来，国内一些单位应用有机烃气测量法寻找金属矿也获得了一定的试验效果。

日前，多种找矿方法都存在一些问题，如偏提取由于不存在专属性的提取剂，提取结果只是在一定条件下，溶剂与样品体系综合化学反应的结果，所得结果无法用地球化学概念来解释，因此在地球化学理论研究中的应用受到很大限制；另外，各种方法由于没有统一的标准操作规程和完善的分析质量监控系统，导致测量精度低，测量结果可比性差。

第二章　电吸附找矿法的依据

第一节　地电提取测量法的发展现状及评述

电吸附找矿法是在室内用特殊的装置，对样品溶液进行通电处理，把含量很低的后生异常中的活动态组分解脱出来，用吸附介质吸附富集，从而利用它来寻找深埋矿的一种新方法。该方法是在地电提取测量法的基础上发展起来的，因这两种方法具有一些相似性，为了阐明电吸附找矿法提出的理由，有必要对地电提取测量法的发展现状进行一定的介绍和评述。

一、地电提取测量法的发展现状[2]

地电提取测量法有人称“地电提取离子法”、“地电化学勘探法”、“电提取法”等，它是一种以电场形式，经人工通电激发而测定电化学反应结果的地电化学找矿方法。该方法是为了解决寻找深部矿的难题而产生的。

（一）地电提取测量法国外的发展现状

地电提取技术在前苏联被称为“部分提取金属法”。该方法是 20 世纪 60 年代后期至 70 年代初期由圣·彼得堡的一些学者所创立的。索科洛夫(1967)在观察矿物电压的基础上进行了开创性的工作，Ю С 雷斯和 Ν С 戈得堡(1973)发表了第一篇详尽的论文，论述了该方法的基本原理和野外技术方法及找矿实例。

在 20 世纪 70 年代中后期，该方法被广泛地应用于前苏联的鲁得内依阿尔泰、哈萨克斯坦南部、雅库特和乌兹别克斯坦等地区的找矿工作。实践证明，在普查阶段，该方法有助于发现厚层疏松沉积物覆盖之下的深部矿体；在勘探阶段，该方法测井能在钻孔中划分矿段和估计矿体品位。经过近十年的研究和找矿实践，该方法在前苏联逐步形成一套比较完整的理论，同时制造了配套的仪器设备，并在生产实践中形成了规范化的应用程序。Ю С 雷斯在 1983 年出版了《地电化学勘探法》专著，该专著详细论述了电化学作用的过程，为地电提取测量法提供了理论依据。20 世纪 90 年代至今，俄罗斯的地电化学家们利用地电化学法寻找油气藏，取得了明显的找矿效果，发现油气藏上方存在呈环带状分布的金属元素晕，并对这种环带晕的形成机制进行理论探讨，认为该方法是最有效的非地震油气勘探方法技术之一。

20 世纪 80 年代初，该方法被引入印度，A K Talapatra 于 1986 年在《Journal of Geochemical Exploration》上发表文章，介绍他们在印度阿拉达哈利附近模切卡纳塔克邦的一个铜硫化物矿床的矿化带上进行有效性和实用性研究成果。文中指出，该方法的野外试验取得令人鼓舞的成果，在矿化带上出现明显的电化学异常，这对圈定隐伏的金属硫化物矿体是相当有用的。

20世纪90年代初，随着前苏联对西方开放，Ю С雷斯开始把合作开发研究的目光转向加拿大和澳大利亚，通过讲学交流等方式，在西方勘查地球化学界产生一定的影响，引起了西方地质界同仁的重视。

20世纪90年代，美国地质调查所在多种矿床类型上开展地电提取方法的试验，其中于1991年在科罗拉多Kokomo矿山进行了第一次野外试验，试验工作是在2 m宽的含铜、铅、锌硫化物和贵金属矿脉上进行的，矿脉被3 m厚的崩积物覆盖，常规的地球化学土壤测量仅在矿脉上方显示微弱的Cu、Zn异常，而用地电提取法则显示这些元素的异常更强，由此证实地电提取法在寻找隐伏矿方面比常规化探具有更大的优越性。

(二) 地电提取测量法国内的发展现状

早在20世纪70年代中后期，我国学者费锡铨等在探索物探异常多解性的过程中就萌发了利用地电化学找矿的思路。70年代末至80年代中期，他们曾先后在江苏太平山铜矿、江西列石山铜矿、江苏石砀山含铜磁铁矿、甘肃白银厂多金属矿尝试应用地电提取的金属元素含量特征来区分激电异常源的性质，尝试判别矿致与非矿致的地电提取异常，并在应用技术方法上进行了一些改进。费锡铨等于1989年发表了论文，阐述其方法理论与野外应用技术和一些实例，以及与前苏联的方法不同的地方。1980年，我国学者崔霖沛、郑康乐撰文介绍了前苏联的地电提取方法。较早开始吸收前苏联的成果并研制适合我国国情的仪器装备的是核工业部沈阳240所的高云龙等人，1983年至1984年，他们在东北各种类型铀矿床上进行了地电提取寻找铀矿试验，1985年，在河北张家口小营盘金矿和遵化马兰峪砂金矿开展找金矿试验，均取得较好的效果，1986年，高云龙向国内物化探界推出几种型号的地电提取电场控制仪及专利产品——元素接收器。在基础理论上，他们接受前苏联学者的观点，在应用技术上主张大功率激发，强调地电化学时量曲线的观察。

罗先熔自1985年以来开展了地电提取方法的研究工作，并对不同景观条件下的不同类型金属矿床进行了大量的找矿有效性试验，同时在未知区开展了找矿工作，取得了较好的效果，并于1996年出版了《地球电化学勘查及深部找矿》专著。自1985年以来，原地质矿产部地球物理地球化学勘查研究所发展了以电提取法为主的多种分支方法，开展了配套仪器设备研制，在矿产普查评价，特别是在金矿勘查中获得了明显的效果。近年来，我国一些学者也开展了应用地电提取法寻找油气藏的试验研究，取得了一定的效果。

总之，自20世纪80年代至今，国内有不少科研单位、院校和生产部门在不同程度上进行了地电提取方法的找矿试验和应用技术研究，认为该方法是寻找隐伏矿较为有效的方法之一。

然而，有部分生产部门的试验者认为，该方法设备笨重，野外施工工序繁琐，工作效率极低，成本高，不同景观条件下地电提取条件难以控制，无法进行规模性生产勘探。

二、对地电提取测量法的评述

虽然，应用地电提取法找矿取得了一定的效果。但长期以来，同行们对地电提取法获得的元素异常的来源深度有不同的看法，一种看法认为异常来源于深部矿体，另一种看法认为异常仅来源于电极周围几米甚至几厘米范围。我们倾向于后者的观点，因此有必要进行一些讨论。

地电提取法的创立者 Ю С 雷斯在其专著《地电化学勘探法》中就明确指出[32]，在地电提取测量中，随着时间的长短不同，地电提取的介质也不同，开始阶段是提取供电电极附近的介质，即第一介质，称为“分散晕方式”，这一阶段所提取的介质对找矿来说也是有用的，因为地电提取法能使强度低于分析测试灵敏度的元素得到积累富集，从而扩大次生分散晕进行地球化学普查的范围，例如，可以加大发现金属矿床的深度；随着时间的推移，才能相继提取到来自远方的第二和第三或更多阶段的介质，即相应来自深部金属矿体和含有原生深成晕的围岩介质。

中国地质大学李金铭等学者对地电提取法基础理论进行深入的研究[4]，他们从电解质溶液的基本电化学性质出发，根据传导类电法的电场分布理论，分析了简单条件下，离子迁移一定距离所需的时间和接受电极提取的物质质量与有关因素的关系，给出了由时量关系计算离子淌度、迁移时间、迁移距离的方法。根据他们的研究，在三维空间条件下，假设在地面上有一点电流源 $B(-I)$供电，离供电点一定距离的 r 处，其面积 $S(r)$为 $2\pi r^2$，代入他们推导的有关公式得：

$$t=2\pi r^3/3u_i\rho I$$

式中 t——离子迁移时间；

ρ——电阻率；

I——电流强度；

u_i——离子淌度。

假设，当有一点电流源 $B(-I)$在地面上供电，介质电阻率为 200 Ω·m，离子淌度为 10 cm²/(V·h)(一般值)，供电电流强度为 50 A，则地下深 1 m、10 m、100 m 处的离子迁移到供电点处所需时间按上式计算，结果分别是 12.6 min、8.7 天和 23.9 年。即使介质电阻率和离子淌度再增大一个数量级，分别为 2000 Ω·m 和 100 cm²/(V·h)，地下 100 m 深处的离子迁移到供电点处仍需要 87 天的时间。

李金铭等根据理论推导，得出离子迁移距离的计算公式为：

$$r=nu_i\rho jt$$

式中 r——离子迁移距离；

n——维数(1,2,3)；

u_i——离子淌度；

ρ——电阻率；

j——电流密度；

t——供电时间。

设某矿区铜离子淌度为 10 cm²/(V·h)，电阻率平均值为 160 Ω·m，电提取时供电电流强度为 0.4 A，供电时间为 24 h，由上面公式，令 $n=3$，则有：

$$r=3u_i\rho\frac{I}{2\pi r^2}t$$

即在所给条件下得出离子迁移距离为 90.18 cm。

据此李金铭等人认为，在地电提取勘探中，想要在供电过程中提取到由深部迁移上来的离子实际上是困难的，一般来说，只是提取到供电电极附近的离子，而这些离子被认为是由地下深处经过漫长的地质年代运移到地表的。

费锡铨等在室内黏土(或细砂)中作实验:在每米电压为147 V的匀强电场中,$CuSO_4$溶液中的铜离子在2 h内电迁移的距离测出值为10～20 cm,而且还包括着浓度差扩散作用等因素。

B.W.Smee(1983)研究了冰湖沉积物离子迁移的特点并进行了模拟实验[41],并用离子扩散系数代入相关方程式计算离子在电场中的扩散情况,计算结果表明,理论上H^+可在8000年中透过沉积物扩散20多米,其他阳离子Na^+、K^+、Mn^{2+}、Fe^{3+}和Cu^{2+}在同样长的时间内运移距离一般小于3 m。

根据上述不同学者的理论计算和模拟实验研究都证明,在人工电场作用下,离子迁移的速度是很缓慢的,迁移距离也是很有限的,这种情况也被下述野外地电提取结果所证实。

图2-1显示了不同供电条件下电提取的实测剖面[2],从图中可明显看出,发电机(220 V)大电流供电的地电提取结果在矿体头部上方异常的宽度要比干电池(90 V和1.5 V)小电流供电提取的异常宽些,但其异常强度要比后者弱得多。从图2-2则可看出,用发电机(220 V)大电流供电与干电池(1.5 V)小电流供电所提取的异常宽度(矿体前缘上盘)和强度几乎完全一样。

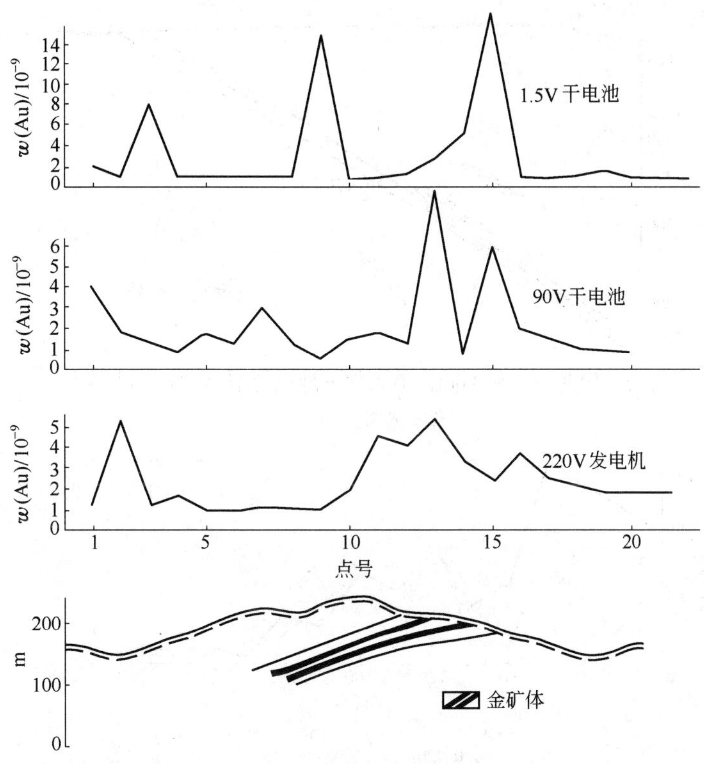

图2-1　江西某金矿不同供电条件下地电提取Au异常剖面图

(据罗先熔,1996)

康明等人在广西横县南乡泰富金矿的试验结果表明[5],在干电池(9 V)供电条件下所提取的Au含量比发电机(220 V)供电条件下所提取的Au含量还高,例如在干电池供电条件下,提取Au的平均值为45.19×10^{-9},最高值为125.89×10^{-9},最低值为3.98×10^{-9};而在发电机供电条件下,提取Au的平均值为30.44×10^{-9},最高值为89.17×10^{-9},最低值为3.50×10^{-9}。在干电池小电流供电条件下所提取的异常比发电机大电流供电条件下所提取的异常更清晰连续(图2-3)。据此康明等人认为,事实上,人为电场是不可能直接作用到几百米深部的隐伏矿上,使得离子迁移至地表的。

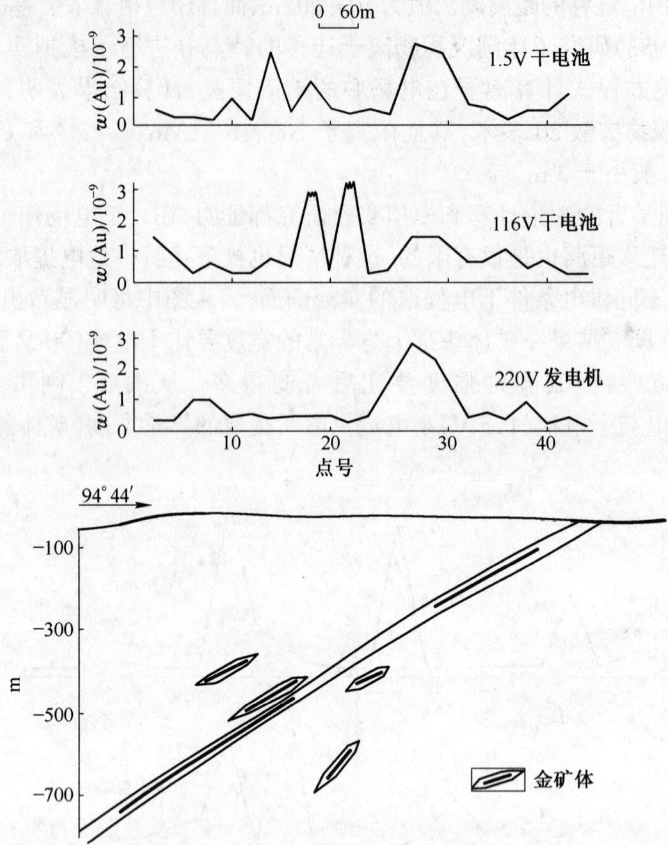

图 2-2 望儿山金矿不同供电条件下地电提取 Au 异常剖面图

(据罗先熔,1996)

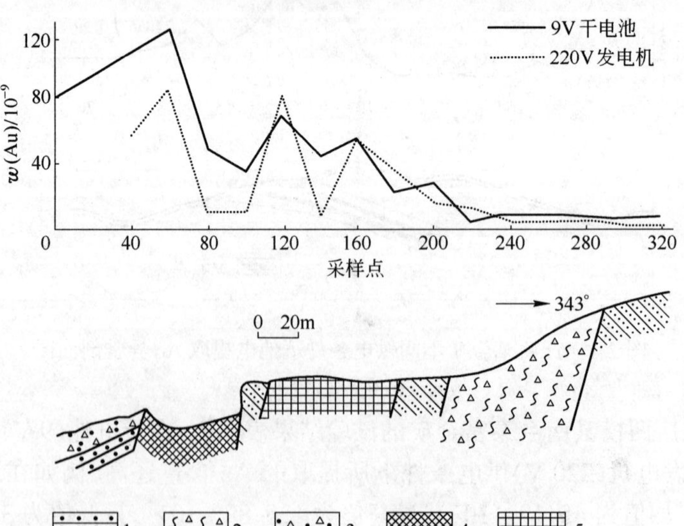

图 2-3 广西横县南乡泰富金矿 26.5 线地电提取 Au 异常剖面图

(据康明等,2003)

1—泥质粉砂岩;2—构造角砾岩;3—残坡积层;4—已知矿体;5—推测矿体

按照一般道理，在供电时间相同的条件下，地电提取的金属量应与供电的电流强度成正比，但从上述几个实例可看出，地电提取的金属量与供电电流的大小毫无关系；同时也可看出，强电流并不能激发深部矿体周围的金属离子在较短的时间内快速运移到地表。

俄罗斯学者总结多年来的地电提取经验发现[3]，在各种不同的地质条件下，新发现的深部矿体异常具有如下特点：在一定的总异常带范围内，相邻测点上的含量值剧烈变化，而且总异常带范围和异常最大值往往与异常源的埋深关系不大；在观测点距为 20～50 m 时，一般只能记录到 1～几个异常点。这种特征显然与厚覆盖区的物探异常不同，因而引起人们的怀疑：所提取的异常是否是深部矿体的真实反映？是否由地表原因引起？据此，俄罗斯学者认为，异常突变现象应该是地电化学晕的一种特殊形态，离子很可能是以细流形式迁移的。那么这种迁移形式原来就是如此呢？还是人工电场作用下引起的呢？还是令人困惑。

综上所述认为，地电提取测量一般通电时间为 24 h，在这样短的时间内所提取的异常并非通过人工电场电动力激发而来的深部离子，而可能是提取接受电极周围早已存在的离子，即上述 Ю С 雷斯所称的第一介质。当然，在自然电场电动力作用下，离子能进行一定距离的迁移，但迁移的速度是极为缓慢的；在人工电场的作用下，通过强电流激发，离子迁移的速度也许会加快些，但相对来说其速度也是缓慢的，不可能在短时间内以较快的速度从深部迁移到地表。但在漫长的地质作用过程中，金属离子可以在地下水运动，由浓度差造成的扩散作用，毛细管作用和地壳自然电场电动力作用等动力的驱动下，从深部运移到地表并进入土壤聚集形成后生地球化学异常则完全是可能的。地电提取的物质可能就是这种综合作用的产物，只不过是在野外现场把元素进一步地富集强化而已。

三、电吸附找矿法的产生

既然野外地电提取法仅是提取电极周围附近早已存在的物质，只不过把元素富集和对异常的强化，那么完全有可能在室内对样品进行通电处理，从而也能达到把元素富集和异常强化的目的。第一，目前测试方法的灵敏度和准确性已达到相当高的水平，如 ICP-MS 的分析测试精度已经达到 10^{-9}～10^{-12}，不一定需要在野外富集；第二，实验证明，对采集的样品在室内通电处理同样能达到对异常进行强化的效果。电吸附找矿法就是借鉴野外地电提取法的原理并针对其存在的弱点而产生的。但要强调的是，虽然两者的找矿原理是相同的，但技术方法则完全不同：(1) 电吸附找矿法是把样品采集回来，在室内进行通电处理；地电提取法是以发电机发电或干电池作为电源，在野外就地施工。(2) 电吸附找矿法在对样品进行通电处理时，加入专门配制的近中性助溶剂，这种助溶剂既不会把原生矿物溶解，也不会与金属元素形成化合物沉淀，却能把活动态的组分解脱出来并被吸附介质所吸附，其所提取的组分纯属后生地球化学异常中活动态的组分；地电提取法在野外施工布完电极后，加入酸性(如 HNO_3、王水等)提取液，这种酸性提取液是很强的溶解剂，可以把电极周围附近的原生矿物溶解并使其有关组分被提取，因此，其提取的组分除后生异常的活动态组分外，还有碎屑异常的组分。(3) 地电提取法通过通电造成人工电场，可使原生金属硫化物发生电化学溶解，因此，它可在钻孔中进行地电提取，即测井地电提取法，粗略判断金属矿体的厚度和矿石中有用组分的含量等；电吸附找矿法不具备这种功能。由于技术方法不同，所以电吸附找矿法较之地电提取法，具有野外施工方便，成本低，效率高，可以进行规模性生产勘探的优点。

第二节　室内电吸附方法的可行性

理论与实践已证明,覆盖层中的土壤对从矿体中活化迁移出来的金属离子具有吸附作用。因此,将采集回来的土壤样品加入一定量的溶液对其通电,金属离子就会在电场力的作用下向一定的方向运移,如自由金属阳离子向负极运移,而金属络阴离子向正极运移。如果在电极周围放上对金属离子具有很强吸附力的吸附介质,那么这些从土壤中解脱出来的金属离子就会再次富集于吸附介质中,而这种吸附介质又容易进行灰化和分析测试。现今的实验条件已能满足上述要求,因此,在室内进行电吸附是可行的。

为了研究通电是否能使吸附在土壤颗粒中的金属离子脱离出来,我们通过两种方法进行了试验,第一,对容器中的土壤溶液通电后,电流先是上升,说明通电后土壤中的活动态离子进入溶液,使导电的离子增加;当通电到一定的时间后电流又下降,说明土壤中的活动态离子是有限的,即它们从土壤中基本脱离出来,在电场力的作用下向两极运移,被吸附介质吸附后,溶液中的导电离子减少,试验的电流变化见图 2-4。第二,在试样通电后将电极处的吸附介质每 10 min 更换一次,并进行分析,其结果呈直线回归,如果溶液中的离子数量是固定不变的,那么每次吸附介质所吸附的离子量 Q 应该满足下面公式:

$$Q = M(1-u)^n$$

式中　Q——每次吸附介质中元素的吸附量;

M——溶液中的总离子量;

u——溶液中剩余离子的百分率;

n——吸附介质的更换次数。

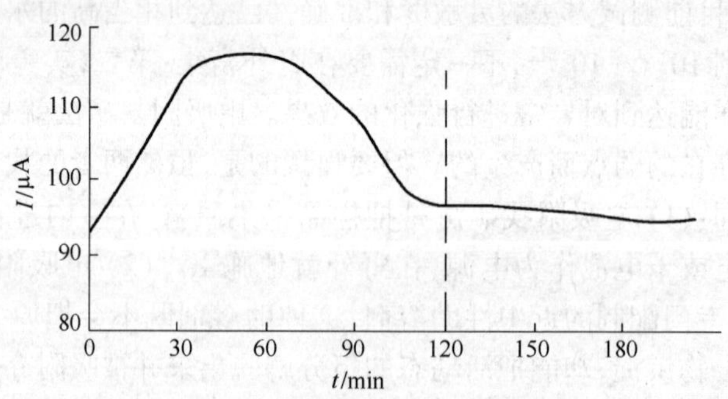

图 2-4　电吸附时间-电流曲线图

上式表明,每次吸附介质中的离子量 Q 应当是一条通过(0,M)点的无限向 0 接近的曲线。而分析结果表明(表 2-1),一段时间内离子量是不满足上面公式的。这说明,在一段时间内通电能使土壤中的离子脱离出来并被吸附介质所吸附。

以上两项实验表明,在室内对土壤溶液通电能使吸附在土壤颗粒中的金属离子脱离出来并在吸附介质上富集,故室内电吸附是可行的。

表 2-1　电吸附每隔 10 min 吸附量

北衙32线9号点					纸房河未线8号点					水泄氧化铜矿				
次数	Cu	Pb	Ag	Zn	次数	Cu	Pb	Ag	Zn	次数	Cu	Pb	Ag	Zn
1	73.1	36.7	5.00	23.5	1	16.7	5.6	3.68	17.2	1	18.8	3.9	2.16	12.6
2	29.4	16.9	5.00	21.8	2	11.5	4.8	3.78	11.9	2	13.7	3.6	2.41	12.0
3	13.7	11.4	4.99	7.8	3	16.7	4.8	3.67	17.9	3	11.0	3.7	0.92	16.0
4	15.0	36.2	3.61	6.1	4	15.4	5.0	3.42	25.5	4	10.9	3.5	1.04	15.7
5	21.1	17.7	3.91	21.9	5	18.6	3.9	2.89	11.0	5	14.7	4.9	2.09	20.5
6	12.7	10.0	4.74	13.7	6	17.8	4.2	2.64	15.1	6	9.5	6.5	2.63	25.8
7	17.8	7.6	2.42	8.3	7	22.7	4.7	3.00	12.9	7	10.3	5.1	2.01	15.8
8	8.9	6.2	2.15	10.8	8	20.7	4.5	2.71	15.2	8	8.6	3.9	1.39	19.2
9	7.1	8.5	2.41	21.9	9	17.2	5.7	2.21	22.1	9	12.5	4.0	1.75	17.6
					10	21.4	4.2	2.21	16.3	10	5.5	2.5	1.43	5.5
					11	22.6	8.0	2.53	31.3	11	7.1	2.6	1.65	4.1
					12	20.5	5.2	2.03	22.3	12	11.6	2.6	1.73	5.4

注：$w(\mathrm{Ag})/10^{-9}$，其他元素为 $w_B/10^{-6}$。

第三节　电吸附找矿法寻找金属矿床的原理

一、后生地球化学异常的形成机制

电吸附找矿法是依据隐伏矿体上方的覆盖层中存在着后生异常，所谓后生异常是指其异常物质在其所赋存的介质形成之后以某种方式进入而形成的地球化学异常。后生异常组分多属活动态，通常把化学结合力不强、易于转化活动的结合态称为金属活动态，如水溶态、吸附态和某些可溶性盐类等。后生异常的形成要经历成矿、成晕物质的溶解→在溶液中迁移→析出等一系列过程。

（一）矿体的溶解作用

矿体可进行机械溶解、化学溶解、生物溶解、氧化溶解和电化学溶解等。对于浅埋藏矿体来说，以氧化溶解为主，对深埋藏的矿体，则以电化学溶解为主。下面重点论述浅埋藏矿体的氧化溶解作用和深埋藏矿体的电化学溶解作用。

1. 浅埋藏矿体的氧化溶解

一般情况下，金属硫化物的溶解度是很小的，但在表生带游离氧的作用下，却很容易形成易溶的硫酸盐和游离硫酸，硫酸的存在使矿床氧化带水呈酸性，有时 pH 值可低达 2～3，又促进了其他金属矿物的氧化和金属元素的淋出，使金属离子浓度不断增高。下面列举金属硫化物矿床中几种常见的金属硫化物氧化溶解作用的过程。

黄铁矿是硫化物矿床中最常见的、分布最广泛的硫化物，其氧化溶解结果是形成易溶于水的硫酸铁和硫酸，其氧化反应如下：

$$2FeS_2(\text{黄铁矿}) + 7O_2 + 2H_2O = 2FeSO_4 + 2H_2SO_4$$

常见的矿石矿物黄铜矿、方铅矿和闪锌矿等,在一般氧化条件下,形成硫酸盐,而不能直接形成游离的硫酸,其氧化反应如下:

$$CuFeS_2(\text{黄铜矿}) + 4O_2 \rightarrow FeSO_4 + CuSO_4$$

$$PbS(\text{方铅矿}) + 2O_2 \rightarrow PbSO_4(\text{铅矾})\downarrow$$

$$ZnS(\text{闪锌矿}) + 2O_2 \rightarrow ZnSO_4$$

但是,当金属矿区的地下水中同时存在 H_2SO_4、$Fe_2(SO_4)_3$ 和 $CuSO_4$ 时,可使上述硫化物反应产生游离硫酸和硫化氢:

$$RS + H_2SO_4 = H_2S + RSO_4$$

$$2RS + 2Fe_2(SO_4)_3 + 2H_2O + 3O_2 = 2RSO_4 + 4FeSO_4 + 2H_2SO_4$$

还会有一系列的次级氧化溶解作用,在此不一一列举。总而言之,在许多情况下,金属硫化物氧化溶解作用的结果,均能形成游离的硫酸,这使得很多金属硫化物矿区的地表及地下水 pH 值降低,SO_4^{2-} 浓度增高,并富含各种金属离子,形成水化学异常。

这种氧化溶解作用在漫长的地质年代中将持续不断地进行,直致整个硫化物矿体彻底被氧化而消失。

表 2-2 中列出了某些金属硫化物和硫酸盐在水中的溶解度[1],从表中可见,金属硫化物被氧化形成硫酸盐后,除 $PbSO_4$ 外,其溶解度明显增高,这将大大地有利于元素随地下水的运动而迁移到地表并进入土壤,次生富集形成后生地球化学异常。

表 2-2　某些金属硫化物和硫酸盐在水中的溶解度

硫　化　物	溶解度/$mg\cdot L^{-1}$	硫　酸　盐	溶解度/$g\cdot L^{-1}$
ZnS	3×10^{-10}	$ZnSO_4$	531.2
MnS	3×10^{-10}	$MnSO_4$	393.0
NiS	1×10^{-10}	$NiSO_4$	274.8
FeS	3×10^{-3}	$FeSO_4$	157.0
PbS	3×10^{-15}	$PbSO_4$	0.04
		$CoSO_4$	265.8
		$CuSO_4$	172.0

注:据阮天健等,1985。

2. *深埋藏矿体的电化学溶解*

当矿体埋藏较深时,由于相对缺乏游离氧,氧化作用较难进行。在这种情况下,金属硫化物的溶解主要是氧浓度差电池和硫化物原电池的氧化溶解作用。

A　*氧浓度差电池的氧化溶解作用*

氧浓度差电池氧化溶解作用的原理是[36]:当一个矿体或其他导电体处于具有不同浓度氧的电解液中,就会形成一个自然电池,导体的下端为电池的阳极(缺氧),上端为阴极(氧较多)。那么,电子将通过导电体从 Eh 低的一端(该处的还原剂被氧化)流向 Eh 高的一端(该处的氧化剂被还原)。在地壳中,氧化电位一般随深度的增大而降低。导电体的存在,例如硫化物矿体,将扰乱原生氧化还原场电位的分布,并围绕着导体顶部产生负电位带(阴极),

围绕着导体底部产生正电位带(阳极)。也就是说,硫化物矿体的上端部分被氧化,放出电子起着阴极的作用,下端部分被还原,吸收电子起着阳极的作用。导体周围的阳离子将完全向上移动,而阴离子则完全向下移动,以便保持电的中性(图 2-5)。在这种作用过程中,在硫化物矿体周围就会形成围绕矿体周围分布的向上运移的 H^+、金属阳离子晕和向下运移的 OH^-、SO_4^{2-} 等阴离子晕。随着这种作用的不断进行,硫化物矿体将不断地被腐蚀溶解,直到硫化物矿体彻底被氧化而消失。

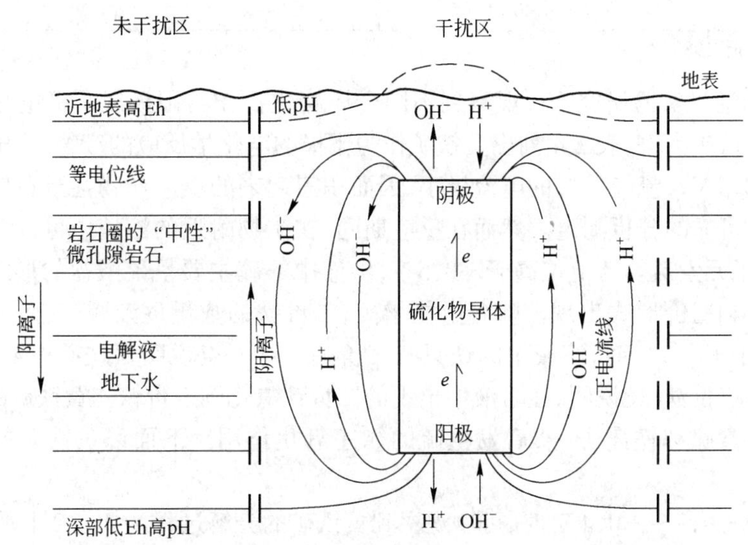

图 2-5 岩石圈的未受干扰和受硫化物矿体干扰等电位线模式图

(据 P Silvenas 等,1982)

电解液中离子流的运移方向用箭头表示;矿体内的箭头表示电子流的方向;细线条表示等电位线

B 硫化物原电池的氧化溶解作用

一个硫化物单元通过导电体与另一个硫化物单元连接,它的腐蚀速度的加快作用称为硫化物原电池的氧化作用。这种作用主要是由相邻两种硫化物的电极电位差造成的。当有两种不同电极电位的硫化物在同一矿体中出现时,电极电位低的硫化物将成为阳极并被溶解之,而电极电位高的硫化物则为阴极,氧在那里被还原[37]。

众所周知,金属硫化物矿体多是由不同的矿物组成的,由于不同的矿物具有不同的电极电位(表 2-3),所以在矿体的各部分,只要相邻两种矿物间存在着电极电位差,就会自然地形成一个微观硫化物原电池。相邻两种矿物电极电位差值越大,则产生的微观原电池电流就越强,矿物的电化学溶解作用就越强烈。从表 2-3 可知,主要金属矿物的电极电位从大到小的顺序是:磁铁矿>辉钼矿>磁黄铁矿、黄铁矿>镍黄铁矿>方铅矿>黄铜矿、辉铜矿>闪锌矿。从这个系列可导出:位于左侧的矿物相对于右侧的矿物就是硫化物原电池的阴极,而右侧的矿物相对于左侧的矿物就是原电池的阳极。例如,方铅矿与闪锌矿共生在一起,方铅矿将为原电池的阴极,闪锌矿则为阳极。其产生的电化学溶解作用的结果是:阳极硫化物被溶解,形成构成矿物的金属离子;阴极硫化物被分解,析出硫离子。其电化学反应式为:

$$\text{阳极:}MeS \rightarrow Me^{2+} + S^0 + 2e$$

$$\text{阴极:}MeS + 2e \rightarrow Me + S^{2-}$$

表 2-3　主要金属矿物的电极电位

矿　物	电极电位/V	矿　物	电极电位/V
磁铁矿	+1.60±0.10	方铅矿	+0.30±0.10
辉钼矿	+0.80±0.05	黄铜矿	+0.15±0.10
磁黄铁矿	+0.60±0.10	辉铜矿	+0.15±0.10
黄铁矿	+0.60±0.05	闪锌矿	−0.05±0.01
镍黄铁矿	+0.40±0.05		

注:据 Ю С 雷斯,1983。

Ю С 雷斯通过实验研究[32],观察到不同金属硫化物作为阳极或阴极电化学反应的过程。下面以黄铁矿为例,表 2-4 列出黄铁矿作为阳极的电化学反应的产物,在电位值不大的范围内(<+0.5 V),流经矿物的电流极小,因而积累起来的反应产物甚至在较长的时间内也不足以进行可靠的分析测定。然而在反应期间,在矿物附近的溶液中可以观测到乳光效应,说明出现了元素硫。若电位高于+0.5 V,溶液中的硫主要呈硫酸盐的形式存在。铁在溶液中以二价和三价形式出现。随着电位增高,二价铁的数量逐渐减少,而三价铁逐渐增多,当电位高于+0.5 V 时,溶液中的铁只有三价的。这一点说明黄铁矿中以二价铁为主,可能根本没有三价铁,还说明,在溶液中出现的二价铁氧化到三价铁。黄铁矿的阳极溶解作用同时生成元素硫和铁离子,然后发生硫的循序氧化作用。下面以黄铁矿的反应式进行描述。

当电位为+0.3～+0.4 V 时,可以观察到黄铁矿的分解过程。如表 2-4 所见,在这一电位范围内,黄铁矿的长期溶解作用能积累起足以进行分析的二价铁量,其反应式为:

$$FeS_2 \rightarrow Fe^{2+} + 2S^0 + 2e$$

当电位为+0.4～+0.5 V 时,溶液中除二价铁外,还出现三价铁:

$$Fe^{2+} \rightarrow Fe^{3+} + e$$

与铁的氧化作用的同时,又开始硫的氧化作用,当电位为+0.6 V 或更高时,该作用更为强烈。因此,当电位大于+0.6 V 时,出现三种反应。总的来说,可以写成:

$$FeS_2 + 8H_2O \rightarrow Fe^{3+} + 2SO_4^{2-} + 16H^+ + 15e$$

该式表达了黄铁矿的阳极溶解作用的全过程。

表 2-4　黄铁矿阳极电化学反应的产物

过程的 Φ/V	$Φ_始$ /V	反应时间 /h	$\frac{q}{F}$ /10^{-6}	Fe^{2+}		Fe^{3+}		ΣFe	S^0		$S_2O_3^{2-}$ + SO_3^{2-} + SO_4^{2-}		ΣS	电子数(按 ^{n}Fe 和 ^{n}S 数量)	
				m /μg	m /A	m /μg	m /A	m /A	m /μg	m /A	m /μg	m /A	m /A	^{n}Fe	^{n}S
+0.30	−0.10	20	3.12	100	1.79	–	–	1.79	+	+	–	–	–	1.75	–
+0.40	−0.12	6	15.6	460	8.2	–	–	8.2	+	+	–	–	–	1.90	–
+0.40	−0.14	20	53.2	1550	27.7	–	–	27.7	+	+	–	–	–	1.92	–
+0.40	−0.13	10	20.2	157	2.8	360	6.44	9.24	+	+	–	–	–	2.17	–
+0.40	−0.12	15	42.6	336	6.0	420	7.5	13.5	+	+	–	–	–	3.16	–
+0.45	−0.12	7	58.6	493	8.8	425	7.6	16.4	+	+	–	–	–	3.58	–

续表 2-4

过程的 Φ/V	$\Phi_{始}$ /V	反应时间 /h	$\frac{q}{F}$ /10^{-6}	Fe^{2+}		Fe^{3+}		ΣFe	S^0		$S_2O_3^{2-}$ + SO_3^{2-} + SO_4^{2-}		ΣS	电子数(按 ^nFe 和 ^nS 数量)	
				m /μg	m /A	m /μg	m /A	m /A	m /μg	m /A	m /μg	m /A	m /A	^nFe	^nS
+0.45	−0.10	9	77.0	106	1.9	600	10.7	12.6	+	+	−	−	−	6.11	−
+0.50	−0.12	5	170.0	−	−	716	12.8	12.8	+	+	238	24.8	24.8	13.30	13.70
+0.50	−0.10	8	245.0	−	−	1180	21.1	21.1	+	+	484	50.4	50.4	11.60	9.75
+0.60	−0.10	6	514.0	−	−	1910	34.0	34.0	−	−	670	69.8	69.8	15.10	14.70
+0.60	−0.12	12	1030.0	−	−	3870	69.1	69.1	−	−	1330	138.4	138.4	14.90	14.90
+0.70	−0.10	3	1148.0	−	−	4430	79.0	79.0	−	−	1230	127.7	127.7	14.50	17.90
+0.70	−0.11	4	1284.0	−	−	5080	90.7	90.7	−	−	1700	175.3	175.3	14.20	14.70

注：+ ——痕量；

m /A——反应物质的质量，以相对原子量单位示出，或为反应物质的当量数(据 Ю С 雷斯，1983)。

黄铁矿作为阴极时，当电位为 $-0.4 \sim -0.5$ V 时，出现薄膜，经鉴定为褐铁矿，在溶液中还可以测出衍生硫，包括硫酸盐以及二价和三价铁离子。其电化学过程表示为：

$$FeS_2 + 4e \rightarrow Fe^0 + 2S^{2-}$$

随着电流保护作用的终止，Fe^0 和 S^{2-} 分别变为褐铁矿和氧化程度不同的衍生硫：

$$Fe^0 \rightarrow Fe_2O_3 \cdot nH_2O$$

$$S^{2-} \rightarrow S^0 \rightarrow S_2O_3^{2-} \rightarrow SO_3^{2-} \rightarrow SO_4^{2-}$$

硫化物原电池的电化学作用在具体的硫化物矿床矿石中也能观察到。在黄铜矿-闪锌矿电池对中，黄铜矿电极电位偏正，闪锌矿电极电位偏负，电化学过程中闪锌矿作为阳极遭到溶解，在弱氧化带中，由于锌离子与循环水中的碳酸根离子结合，闪锌矿为菱锌矿所置换，而黄铜矿作为阴极被还原成铜蓝和赤铜矿。在黄铁矿-黄铜矿电池对中，电极电位比黄铁矿偏负的黄铜矿作为阳极受到溶解，在开始阶段，当有碳酸根离子时，黄铜矿被石青和孔雀石所置换，在氧化程度更深的阶段，在黄铜矿的位置出现有少量的褐铁矿的洞穴；而作为阴极的黄铁矿则保留下来。

图 2-6 是俄罗斯鲁得内依阿尔泰一个矿床上与闪锌矿和黄铁矿组成电池对的黄铜矿不同电化学部位的薄片(据 Ю С 雷斯，1983)。从图 2-6*a* 可以看出，闪锌矿只是部分地占据着黄铜矿中的细脉，而原来曾经充满这些细脉，现在细脉充填了褐铁矿和菱锌矿；沿细脉的边缘，铜蓝直接长在黄铜矿上。当黄铜矿与黄铁矿组成电池对时，其性状与上述不同(图 2-6*b*)，部分黄铜矿被褐铁矿置换，而且置换完全是沿着原来黄铜矿占据的那些环形通道进行的；黄铁矿完全保持了原状。

综上所述可知，氧浓度差电池和硫化物原电池都同时对硫化物矿体起电化学溶解作用。这两个电池彼此不互相排斥，如果同时与一矿体有关的话，则可以共存。氧浓度差电池主要对整个矿体起电化学溶解作用，同时起电动力的作用，促使金属阳离子从矿体底部向矿体的上部较大距离的运移；而硫化物原电池主要是对矿体局部起电化学溶解作用，其溶解出来的离子也受氧浓度差电池的作用进行迁移。

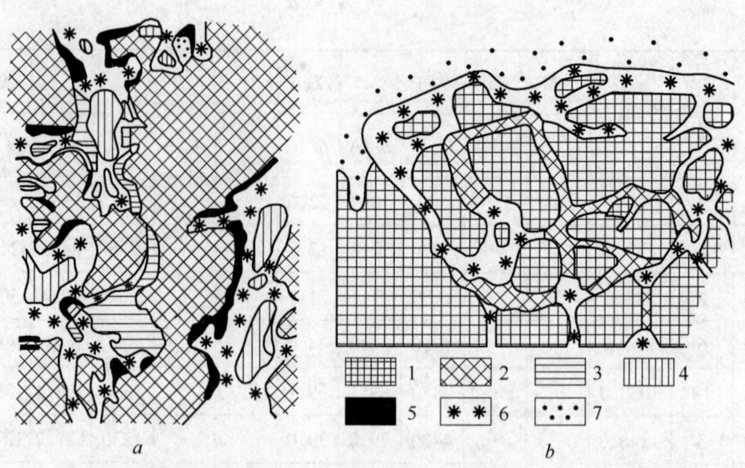

图 2-6　在与闪锌矿组成的电池对中黄铜矿的阴极改造作用(a)和
与黄铁矿组成的电池对中黄铜矿的阳极溶解(b)
(据 Ю С 雷斯,1983)
1—黄铁矿;2—黄铜矿;3—闪锌矿;4—菱锌矿;5—铜蓝;6—褐铁矿;7—石英

(二) 后生异常的形成和表现形式

后生异常可以发育在任何介质中,在这种介质中,所有元素都有一个同生的含量,它是介质形成时所固有的,它可能是背景含量,也可能是异常含量,而后生异常总是后来叠加上去的。因此,某一种介质的元素实际含量可以看成两部分组成:

$$C_{总} = C_{同} + C_{后}$$

式中　$C_{总}$——介质中元素总含量;

$C_{同}$——介质中同生的元素含量;

$C_{后}$——介质中后生异常元素含量。

$C_{后}$ 按绝对值来说通常小于 $C_{同}$,后生异常组分含量很低,但它对于寻找深埋藏隐伏矿来说却具有特殊的意义。

1. 后生异常的形成

前已述及,浅埋藏矿体和深埋藏矿体分别在氧化作用和电化学作用下发生溶解,溶解出来的物质在水溶液中的迁移主要靠地下水运动、由浓度差造成的扩散作用、毛细管水的上升作用和自然电场电动力等作用。在这些作用力的驱动下,溶于水中的矿物质将从地下深部向地表方向迁移并进入土壤层。在表生条件下,由于物理化学环境的变化,这些物质在溶液中就不稳定,而通过一定的方式沉淀析出,从而形成后生异常。

元素在水溶液中迁移时,可呈简单离子、分子、络离子或胶体粒子形式,因而沉淀析出的方式和条件也就不相同。在地表条件下,元素析出的作用有下列几种:

(1) 蒸发作用使溶液过饱和而析出:这种作用在干旱地区最明显,有关组分成盐类析出,在地表形成典型的盐晕。

(2) 发生沉淀反应而使元素析出:土壤水溶液中通常存在 CO_3^{2-}、SO_4^{2-}、PO_4^{5-}、AsO_4^{3-} 等酸根,有关元素与之结合形成相应的次生矿物析出。

(3) 胶体凝聚作用:胶体粒度在1～100 μm,多呈分子状态或分子团状态。胶体溶液的一个非常重要的特点是它的质点都带电荷。带同种电荷的胶体质点之间互相排斥,如果它们的电荷在某种外界作用下中和了,则由于排斥力消失,而互相凝聚为大的质点而沉淀,在这种凝聚过程中,可以夹带许多微量元素一起析出。

(4) 被有关物质所吸附:有的微量元素含量很低,不能形成独立次生矿物,在土壤层中被有关物质吸附。

2. 后生异常的表现形式[1]

上已述及,促使矿体溶解物质迁移的作用力有几种,由于各种作用力的驱动方向不一样,导致后生异常的表现形式也不一样。

A 上移后生异常

水溶液中的元素可以通过毛细管上升及植物根系吸收而向上运动。在干旱地区以及湿润地区的干旱季节,由于蒸发作用较强烈,毛细管水的上升迁移将持续不断地进行,迁移速度也相对加快。毛细管水上升的高度取决于岩石孔隙的大小和土壤粒度的粗细,岩石孔隙越小、土壤粒度越细,毛细管的作用就越强,通常情况下,毛细管水一般都可到达地表。但在特别干旱的地区,由于潜水面较低,毛细管水也可能不能到达地表。在个别情况下,当毛细管水不能到达地表时,那么在毛细管水上升极限至地表这一段,水溶元素的迁移主要是靠蒸发作用,蒸发作用越强烈,水溶元素的上升速度就越快。

由毛细管水垂直上升输送到地表的元素,由于水分的蒸发而沉淀,由此形成的后生异常一般位移较小,异常通常出现在隐伏矿体的正上方。例如甘肃五峰山铁矿床的后生异常就展现这种特点(图2-7)[25],该矿床的主矿体赋存在片麻岩系中,主要金属矿物有磁铁矿、黄铁矿、黄铜矿等,属火山-沉积变质热液充填型铁矿床。地表景观平坦,矿体被数米厚的第四系风成沙质黏土所覆盖,属掩埋矿。采集15～25 cm深的土壤,常规化探光谱分析Cu、Zn元素无异常显示,而用某种试剂提取的盐晕Cu、Zn元素却有异常反映,异常正好位于掩埋矿体群的正上方,基本没有位移。

B 侧移后生异常

在裂隙承压力、化学热和地热扩散等的作用下,为了达到压力和热力的平衡,地下水将持续不断地从地下深处向浅部地表方向流动,溶于水中的物质也随之被搬运到地表。如果水溶液中的元素随地下水的流动迁移较长的距离,在某种沉淀障上析出,这就形成了侧移的后生异常。

在山区,地下水的运动可以分成三个带(图2-8),潜水面以上为渗透带,水的运动以垂向为主,水中含有大量的CO_2和O_2,整个来说是酸性氧化环境,对大多数元素来说是一种溶解的环境。该带以下为流动带,地下水主要以水平方向运动为主,在重力作用下向汇水盆地的低洼处流动,条件有利时,出露地表,称渗出区。在这个渗出区,地下水遇到了剧烈变化的物理化学条件,造成大多数元素的析出,这是侧移后生异常的主要赋存地点。在潜水面以下一定深度处,地下水运动不太明显,此带水中的CO_2和O_2明显减少,成为弱碱性还原环境,常称为饱和带。由于季节与气候的变化,上述三个带的相互关系也随之变化,因此,渗出区的具体标高根据当地水文地质条件可以有升降。

侧移后生异常不能指示矿体的确切位置,但它能反映整个地下水源区的矿化情况,在普查时能发挥作用。

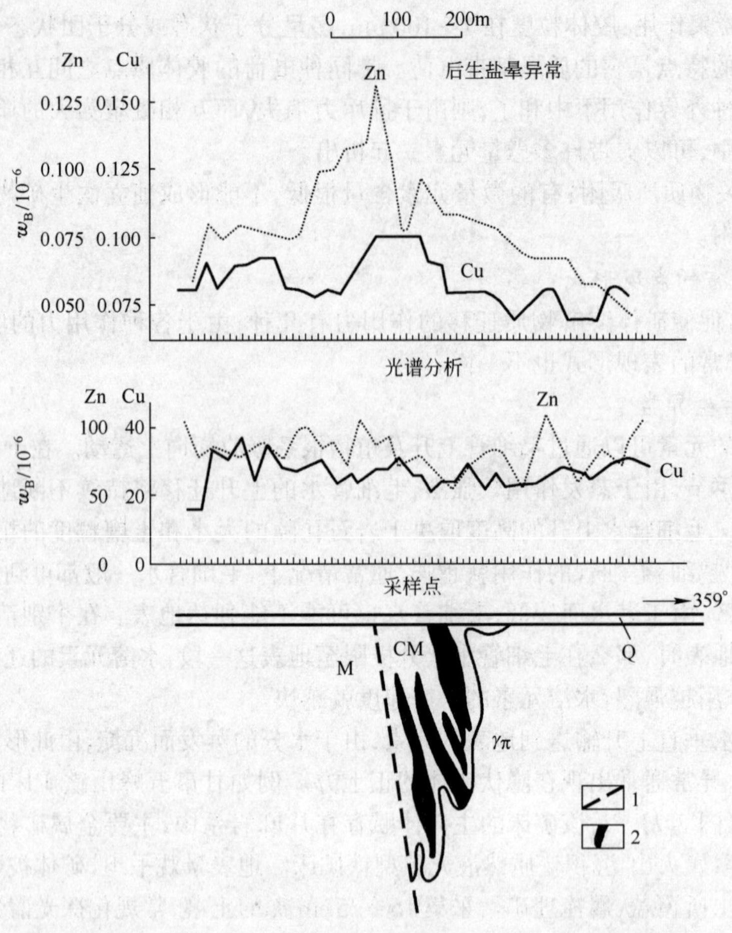

图 2-7 甘肃五峰山铁矿床 19 线土壤元素含量曲线图

（据贾国相等，2005）

Q—运积物覆盖层；CM—片麻岩系；M—大理岩；γπ—斑状花岗岩；1—断层；2—磁铁矿体

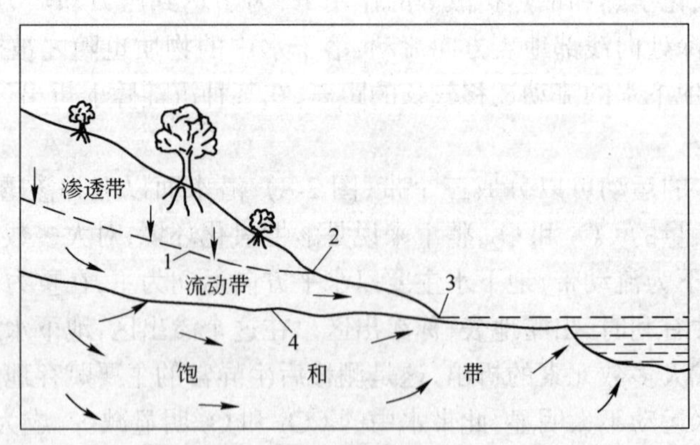

图 2-8 地下水运动示意图

（据 H E 霍克斑）

1—雨季潜水面；2—雨季泉水或渗出区；3—旱季泉水或渗出区；4—旱季潜水面

图 2-9 为一侧移后生异常的实例，从图中可见，在矿体上方及下坡方向，Pb、Zn 都有异常显示；而在远离矿体的地下水渗出带附近，Zn 出现更强的异常，而 Pb 没有异常出现，这是因为在地表条件下，锌可呈 Zn^{2+} 形式迁移，而铅基本上不呈 Pb^{2+} 形式迁移的原因。

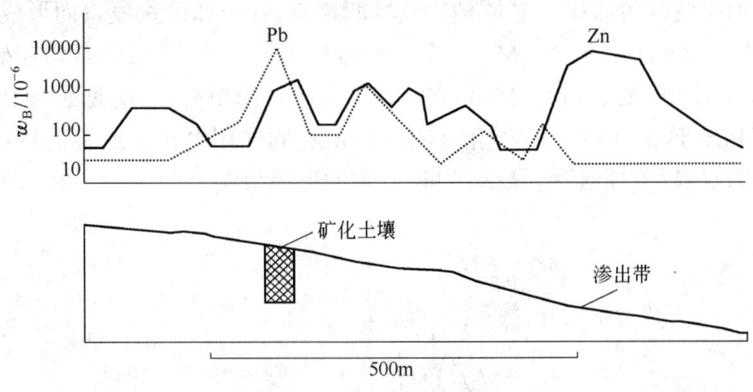

图 2-9 侧移后生异常的实例
（据 Webb，1962）

C 电化学迁移的“兔耳状”后生异常

在电场作用下，阳离子向阴极移动，而阴离子向阳极移动，这是一种普通的电化学现象。在自然界，正在氧化中的硫化物矿体都能够产生电场。因此处在水溶液中的离子将在自然电场电动力的驱动下运动，进入地表土壤形成相应的电化学迁移后生异常。为了说明电化学迁移的特点，首先要了解自然电场中离子的流动方向。前已述及，当一个矿体或其他导电体处于具有不同浓度氧的电解液中，就会形成一个自然电池，导体的下端为电池的阳极（缺氧），上端为阴极（氧较多）。例如，处于潜水面上下的硫化物矿体，在潜水面以上的部分将被氧化，放出电子起着阴极的作用，而在潜水面以下的部分被还原，吸收电子起着阳极的作用，矿体周围的阳离子将向上迁移，而阴离子则向下迁移。矿体作为电子导体，四周的溶液作为离子导体构成整个回路，土壤水溶液中的阳离子将按电流方向迁移（图 2-10），这样，在矿体上方将出现一个低含量带，而在两侧出现高含量带，形成双峰“兔耳状”异常。

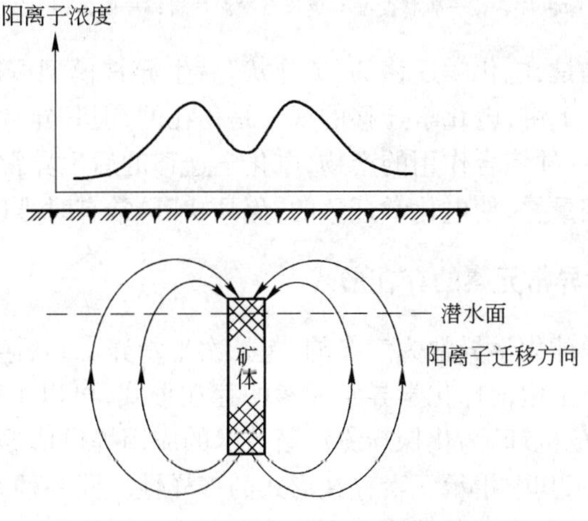

图 2-10 电化学迁移的双峰“兔耳状”异常

这种异常模型是 G J S Govett(1972)为了解释在某矿床运积物中观察到的异常特点而提出的。该矿床位于加拿大前志留系浅变质岩中,围岩为斑状变晶石英长石绿泥片岩。矿体呈透镜状,最大厚度达 45.72 m,延深大约 243.84 m;主要金属矿物为黄铁矿,其次为闪锌矿、方铅矿、黄铜矿及砷黄铁矿。矿体被冰碛物所覆盖,并由冰碛物发育而形成的土壤,采集 B 层样品,发现 Cu、Pb、Zn、Co、Ni、Mn 等多元素异常,除 Pb 外,其余元素均在矿体上方表现为低值,两侧则为高值(图 2-11)。Pb 只在矿体上方出现简单高峰,这是因为 Pb 在地表条件下基本上不呈 Pb^{2+} 形式迁移。1976 年,G J S Govett 同样用电化学迁移的理论解释了硫化物矿体所出现的双峰“兔耳状”电导率和 H^+ 异常的形成机制[36]。

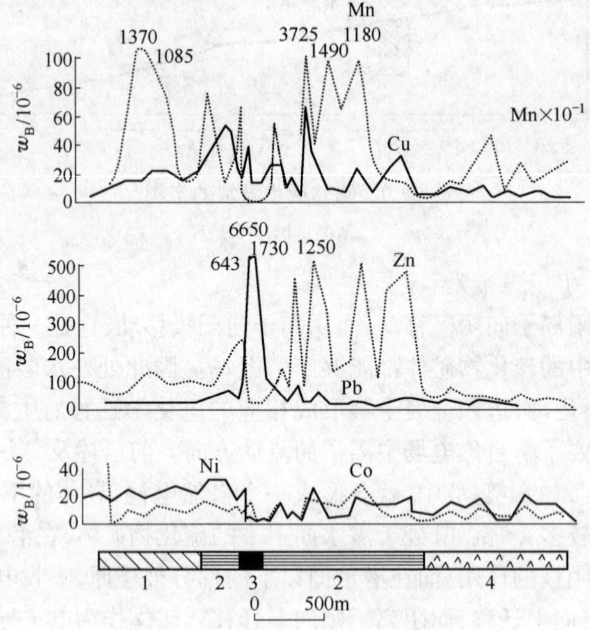

图 2-11　加拿大某矿床冰碛物上的次生异常

(据 G J S Govett,1972)

1—绿色片岩;2—斑状变晶石英长石绿泥片岩;3—矿体;4—安山岩

在此有必要指出的是,电化学迁移的“兔耳状”后生异常模型可能其理论意义大于实际意义,也就是说,从理论上讲,电化学迁移的现象是存在的,但其异常模型是否普遍存在就很难说,因为后生异常是一种综合作用的产物,电化学迁移的后生异常有可能与毛细管上升引起的上移后生异常互相重叠,使电化学迁移的“兔耳状”异常有时难以呈现。

二、土壤地球化学异常元素的存在形式[1]

这里所指的土壤地球化学异常为广义的,包括次生晕异常和后生异常,因后生异常组分也赋存于土壤中。研究土壤地球化学异常元素的存在形式,可以了解元素表生迁移的条件和方式,阐明异常的形成机理,为化探新方法新技术的应用提供依据。鉴于土壤地球化学异常形成的复杂性,决定了其中指示元素存在形式的多样性。同一种元素,处于不同的迁移阶段就有不同的形式;各种形式所占的比例也随自然条件和时间而变。理论与实践已证明,任何一个具体的土壤地球化学异常,指示元素的存在形式可以分成下列五大类。

(一) 原生矿物及其中的原生混入物

原生矿物及其中的原生混入物(包括类质同象、机械混入物及气液包裹体),这是单纯的物理风化的产物,形成碎屑异常的元素主要以这种形式存在。随着表生作用的深入,它所占的比例逐渐变小,只有那些抗风化能力特别强的矿物,如锡石、金红石、黑钨矿、电气石、自然金等才能保存下来。原生硫化物的保存性最差,但当它们以细分散形式存在于硅化岩石中时,则往往可以受到保护而呈原生矿物的形式出现。

(二) 次生矿物及其中的次生混入物

次生矿物是化学风化产物。除了各种黏土矿物外,对金属元素来说主要是碳酸盐、硫酸盐、砷酸盐、磷酸盐及各种氧化物与氢氧化物。此外,也还可能有少量次生硅酸盐和次生石英。次生矿物是在动荡条件下生成的,一般难以形成粗大晶体,常呈土状混入物,难以用常规的矿物学方法鉴定。

(三) 呈有机分子状态存在,金属元素成为有机物结构的一部分

在表生条件下,有机物可以说是无处不在。自然界的有机化合物主要有碳氢化合物、碳水化合物、氨基酸、有机染料(色素)、维生素及腐殖质。

有机物与金属作用的方式有三种:(1) 形成有机盐类,如有机物的结构中有 $-COOH$、$-OH$ 等可以电离出 H^+ 的基,则它们就形成弱酸,金属离子取代 H^+ 的位置,这种键一般比较弱,反应式为:Me^{n+} + 有机酸→Me 有机酸盐 + nH^+;(2) 金属直接与 C、N、S、P 等给出电子的原子相连,这种连接就比较强,形成金属有机化合物;(3) 螯合作用,即金属与有机物结合有多个键,犹如螃蟹的钳子,这种结合最为牢固。

(四) 自由离子或自由分子状态

这是指存在于土壤水分中的溶解物及土壤孔隙中的气体分子。这部分物质与土壤固体颗粒联系最弱,因而活动性最大,但它占总量的百分比最小。

(五) 被吸附的离子及分子

这一形式可能是土壤中大多数不能形成独立矿物的微迹元素的主要存在形式,吸附这些元素的介质主要是胶体、黏土矿物、有机质和铁、锰氧化物 。后生异常的活动态组分主要被这些介质所吸附,是电吸附找矿法提取的主要对象,因此,下文进行较详细的阐述。

1. 胶体的吸附作用

在风化作用中,通过水解和氧化等作用,可以形成大量的胶体质点,所以在风化壳中,胶体有着非常广泛的分布。所谓胶体,就是颗粒非常细小的分散系统。同种胶体,常带有相同的电荷。在风化壳中,常见的带正电荷的正胶体有:$Fe(OH)_3$、$Ti(OH)_4$、$Al(OH)_3$、$Zr(OH)_4$、$Cr(OH)_3$ 等;带负电荷的负胶体有:黏土、腐殖质、SiO_2、MnO_2、SnO_2、V_2O_5、S、Au、Ag 等。带负电荷的胶体能吸附阳离子,而带止电荷的胶体能吸附阴离子。

对于风化壳中的许多微迹元素,由于它们的浓度低,难以形成独立的次生矿物,所以胶体吸附与离子交换反应主宰着这些元素的迁移与沉淀。

一种阳离子与胶体质点结合的强度随离子种类、胶体种类、离子浓度、其他离子的存在、溶液酸度和温度而变，某些阳离子与胶体结合的强度，可以表示为下列次序，结合强度大的可以取代弱的。

$H^+ > Ba^{2+} > Ca^{2+} > Mg^{2+} > Cs^+ > Rb^+ > K^+ > Na^+ > Li^+$；

$Hg^+ > Hg^{2+} > Bi^{3+} > Fe^{3+} > Pb^{2+}$；

$UO_2^{2+} > Cu^{2+} > Ag^+ > Cd^{2+}$；

$Zn^{2+} > Ti^+ > Fe^{2+} > Co^{3+}$；

$Ni^{2+} > Mn^{2+} > Cr^{3+}$。

由上系列可以看出，一般情况下，普通的阳离子多价的较单价的吸的牢，这是因为高价的离子电荷多，半径小。H^+是一个例外，它由于半径突出的小，而最易于被吸附，所以它可以把其他阳离子挤出来而自己占据之，使阳离子转入溶液而被带走。这就是在酸性条件下(H^+很多)金属元素被淋滤，使次生异常弱化的一个原因。

2．黏土矿物的吸附作用

黏土矿物是一类含水铝硅酸盐矿物，多具层状硅酸盐构造。层间由可交换的阳离子和水分子连接。具有层间水分子的黏土矿物由于水分子增减会使其结构膨胀或崩解。因此黏土矿物分为膨胀性的和非膨胀性的(无层间水分子)两类。土壤中的黏土矿物有高岭石、蒙脱石、蛭石、伊利石、绿泥石、埃洛石等，其中的蒙脱石就是膨胀性的黏土矿物，其他的为非膨胀性矿物。黏土矿物是靠晶体边缘或层间电荷吸附阳离子的，由于不同黏土矿物晶体结构不同，因而有不同的吸附容量(交换容量)。表2-5列出不同黏土矿物的阳离子交换容量，从表中可以看出，有机质和蛭石吸附阳离子的能力较其他黏土矿物要强得多。

表2-5　不同黏土矿物的阳离子交换容量

矿　物	高岭石	多水高岭石	伊利石	绿泥石	蒙脱石	蛭　石	有机质
交换容量(mmol/100 g)	3～15	5～50	10～40	10～40	80～150	100～150	150～600

注：据阮天健等，1985。

3．有机质的吸附作用[43]

在地表最大量存在的有机物是腐殖质。它是一种高分子量的酸性深色有机化合物。腐殖质存在于大部分的褐煤、泥炭和土壤中，它是由于微生物分解植物残体而形成的(土壤中腐殖质含量可达20%)。不同土壤母质中腐殖质的含量各有不同，甚至连淡色的大陆沉积物，如黄土也含有一定数量的腐殖质(通常为千分之几)。地表水和地下水同样含有呈胶体溶液或悬浮形态的腐殖物质。

腐殖质的吸附能力很大，用几毫摩/g计量。因为腐殖质带负电荷，所以它能吸附阳离子。土壤腐殖质中几乎总是含有吸附性钙和镁，有时含有吸附性氢离子和铝。森林土壤的腐殖质含有高量的Cu、Ni、Co、Zn、Ag、Be等元素(依靠生物聚集作用)。矿床附近的土壤和淤泥中的腐殖质可富集各种成矿元素。可采煤中通常含有各种成矿元素的混合物，大概这是在其成煤时代，或在以后的后生过程中为有机物质所吸附的结果，Mo、U、Ni、Co、Pb、Ti、Sc等元素的富集就是这样。在某些情况下，有时甚至富集成工业矿床，如铀-煤等矿床。

4．铁、锰氧化物的吸附作用

风化产物中除黏土矿物外，要算Al、Fe、Mn等元素的氧化物分布比较广泛了。它们在地表通常不能在水溶液中大量存在，而呈结核、岩石表面的被膜、黏土中的锈斑等形式广泛出现，按矿物成分来说，主要是赤铁矿（Fe_2O_3）、针铁矿（$Fe_2O_3\cdot H_2O$）、褐铁矿（$Fe_2O_3\cdot nH_2O$）、一水铝石（$Al_2O_3\cdot H_2O$）、三水铝石（$Al_2O_3\cdot 3H_2O$）、软锰矿（MnO_2）、硬锰矿（$MnO_2\cdot nH_2O$）等。它们本身一般不作为指示元素在化探中应用，但其重要性在于它们对其他微量元素有强烈的吸附和沉淀作用。

铁、锰氧化物的吸附特征与黏土矿物不同，后者是结构性的即靠晶格边上未平衡的 O^{2-} 产生的，所以恒带负电，而铁、锰氧化物的电荷是靠颗粒上附着 OH^- 或 H_2O 分子像弱酸那样电离而产生的：

$$Mn-H_2O \rightarrow Mn-OH^- + H^+$$

$$Fe-H_2O \rightarrow Fe-OH^- + H^+$$

此时铁、锰氧化物的表面获得负电荷，当溶液为酸性时，反应方向逆转，氧化物表面带正电：

$$Fe-H_2O \rightarrow Fe-H^+ + OH^-$$

铁、锰氧化物表面电荷与 pH 值的关系如图 2-12 所示。从图上可见，锰的氧化物在中性溶液中带负电，在 pH=3 时不带电，叫做零电位点，pH 值进一步降低则带正电。铁的氧化物零电位点在 pH=8.5 左右，所以在中性和酸性条件下它带正电，在碱性条件下带负电。铁、锰氧化物在零电位点以外的吸附作用是不可逆的，即一旦吸附以后，由于外界浓度减小，只有部分被吸附的离子才能解脱出来。这可能是由于被吸附的离子向内扩散或由于氧化物本身的晶化，使被吸附的离子部分地进入了晶格。

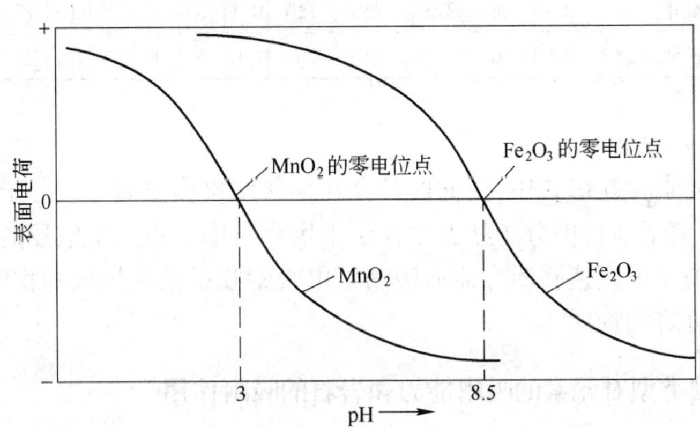

图 2-12 铁、锰氧化物的表面电荷与 pH 值的关系图解

（据阮天健等，1985）

总之，铁、锰氧化物通过形成时的共沉淀和形成后的吸附作用，能从水中吸附微量元素，成为一种天然的清除剂。这样，在它本身不断老化和晶化的过程中，富集了许多金属元素。表 2-6 列出了不同成因类型铁帽、锰结核微量元素的含量[12]，从表 2-6 可知，岩浆热液型多金属矿床铁帽富含 Cu、Pb、Zn 等主要成矿元素和 W、Mo、Sn、Bi 等伴生元素；层控型铅锌矿床铁帽除富含主要成矿元素 Pb、Zn 外，还含较高的 Cu，贫含 W、Sn、Bi；地层（碳酸盐岩）风化形成的锰结核富含 Co、Ni、V、Ti、Mn、W、Bi、Mo，贫含 Cu、Pb、Zn、Sn；地层（碳酸盐岩和砂页岩）风化形成的铁帽也含多种微量元素，但含量相对较低。该表说明了不同成因类型的铁帽和锰结核对微量元素都具有较强和极强的吸附作用和富集作用，成为后生异常元素的一种

来源。这种富集现象在某种情况下，如地层风化形成的锰结核和铁帽，在化探中成为非矿地球化学异常的一种来源，给异常的评价解释增加了难度；但另一方面，对与矿化有关的铁帽又成为强化异常的一种介质。

表 2-6　不同成因类型铁帽、锰结核微量元素含量算术平均值　　$w_B/10^{-6}$

成因类型		地区	矿化类型	样品个数	Cu	Mo	Pb	Zn	Ag	W	Bi	Co	Ni	V	Ti	Mn	Sn	Sb
岩浆热液型		湖南黄沙坪	多金属矿	13	1300	117	12415	1955	11	506	626	15	16	84	2394	5332	429	46
		湖南宝山		11	5911	202	2964	1789	20	401	485	33	12	81	1655	6832	81	813
		广东大宝山		23	4694	11	1664	1870	1	276	42	30	17	79	1952	3341	21	8
层控型		广东凡口	铅锌矿	14	968	15	12414	3800	4	16	2	17	12	100	2201	5317	5	888
		广东杨柳塘		20	1891	15	4160	4130	7	13	0.5	4	11	62	2435	828	37	12
		湖南太坪		2	185	5	5725	9990	2	10	2	5	20	220	630	2100	8	10
地层风化形成	碳酸盐岩	湖南余田	锰结核	1	5	160	440	1100	3	150	600	2100	4500	400	15000	15000	2	30
		湖南正和		1	5	100	48	430	0.4	70	480	250	2000	160	3400	15000	6	30
		湖南银和		1	5	200	130	1300	2	180	1000	190	4500	220	15000	15000	2	20
		湖南仁义		1	5	160	100	210	1	100	600	250	740	160	6400	15000	2	10
		广西小禾坪①	铁帽	1	15	3	30	300	0.5	8	0.3	6	15	40	250	1400	1.5	5
	砂页岩	广东宝岭岽Ⅰ		3	85	4	110	110	0.1	5	1		48	46	1200	800	1	15
		广东宝岭岽Ⅱ		2	98	2.3	75	120	0.1	5	1		16	75	1500	408	2	15
		广东宝岭岽Ⅲ		5	76	5	84	268	0.15	5	1		75	25	1000	1680	1	15

注：据贾国相等，1986。

① 作者资料。

在上述五类元素存在形式中，后面两种存在形式元素多呈离子或分子状态，被其他介质所吸附，或呈自由离子和自由分子状态存在于土壤水分中。在人工电场的作用下，金属离子很容易被解脱出来并被人造吸附介质所吸附。电吸附找矿法所提取的物质就是这种呈吸附态的元素和部分可溶的物质。

三、不同土壤类型对元素的吸附能力和岩石的吸附作用

（一）不同土壤类型对元素的吸附能力

上面阐述各种吸附介质的吸附作用，通常情况下，土壤中都含有上述介质，不过，随着土壤类型不同，各种吸附介质的含量也不相同，在这种情况下，起吸附主导作用的介质也有所差异。贾国相等人曾进行了不同土壤类型对元素吸附能力的模拟试验[25]，其步骤如下：

（1）取不同深度、不同类型的土壤，风干过筛 60 目待用。

（2）配制一种含 Cu、Pb、Zn 的溶液，要求它几天内元素不发生沉淀，且对土壤中有机质和铁、锰氧化物的破坏尽量小。为了达此目的，采用如下配方：酒石酸铵＋氧化锌＋醋酸铅＋硫酸铜，用盐酸调 pH＝4.3。溶液配制好后有微量物质沉淀，经过滤后的清液符合上述要求。

（3）取 100 g 土壤样品加 100 mL 上述溶液。振荡数小时后过滤，将滤液用原子吸收光谱分析 Cu、Pb、Zn 元素。

用原液的元素含量减去滤液中的元素含量即得到土壤对元素的吸收量。从表 2-7 可看出，水稻田剖面的锈斑土和黑斑土相对来说吸收元素的量最大，次为灰色斑纹土，腐殖土最小，这与上述土壤中 Mn 的含量从高到低的变化趋势相似，说明 Mn 对元素的吸附具有很重要的作用。在坡地剖面中，富含有机质的浅层腐殖土比低含有机质的深层砖红色黏土的吸收量大，这两种 土壤 Mn 的含量都很低，显然吸收量的大小与有机质含量的高低有关。砂质土壤的有机质和 Mn 含量都很低，所以吸收量最小。各种土壤对元素的吸收率是 Pb>Cu>Zn。

表 2-7　不同土壤类型对元素的吸附能力

取样地点	土壤层位	采样深度 /cm	土壤类型	土壤有关成分含量 /%			每 100 g 土壤吸收量 $w_B/10^{-6}$			吸收率 /%		
				有机碳	Fe	Mn	Cu	Pb	Zn	Cu	Pb	Zn
水稻田剖面	A	10～20	腐殖土	0.35	3.4	0.05	269	103	100	57	96	22
	B	20～30	锈斑土、黑斑土	0.22	3.6	0.17	435	106	365	92	99	81
		30～50	锈斑土	0.21	4.2	0.15	400	107	265	84	100	59
		50～80	灰色斑纹土	0.17	3.6	0.13	313	105	165	66	98	37
坡地剖面	A	10～30	腐殖土	0.87	4.2	0.04	200	101	80	42	94	18
	B	50～70	砖红色黏土	0.25	6.2	0.02	150	91	60	32	85	13
随机			砂质土	0.10	2.4	0.09	75	93	10	16	87	2

注：据贾国相等，2005。

上述实验说明，在水稻田剖面中，起吸附主导作用的是锰氧化物，而在坡地剖面中则是有机质。当然，土壤中所含的各种吸附介质都能起吸附作用，只不过在某种情况下，某种吸附介质起较主要的吸附作用而已。

（二）岩石的吸附作用

根据兰米尔(Langmuir)的吸附理论认为[11]，任何固体表面都不是绝对光滑的，而是由大量均匀分布的凸出点组成的，凸出点上的原子和离子具有未饱和的价键力，构成了一系列的吸附作用点，这些点称表面吸附活性中心，只有在这些活性中心上才发生吸附；另外还认为，活性中心的吸附作用范围大致同分子大小一致，每个活性中心点只能吸附一个物质分子；因此，当表面吸附活性中心全部被占满时，吸附量达到最高饱和值，这时在吸附剂表面上形成被吸附物质的单分子层。根据这个理论，岩石中的断裂面、节理面，矿物的晶面、解理面、晶体空缺等都能吸附各种物质分子，可以说几乎没有一种岩石或矿物不具有吸附能力，只不过大小不同而已。除此之外，矿体围岩中还存在一些能起吸附作用的介质：(1) 一般情况下，岩浆热液成因的内生金属矿床，其围岩一般都伴随有绿泥石化、伊利石化、绢云石化、黑云母化、水白云母化、高岭石化、绿帘石化、蛇纹石化等热液蚀变，这些蚀变矿物多具层状构造，它们都具有吸附金属离子的能力。(2) 断裂破碎带是内生金属矿床成矿流体的有利通道和赋矿的有利部位，在地质构造应力的挤压、摩擦作用下，往往形成很多泥状物——黏土矿物，如前所述，它们都具有吸附金属离子的能力。(3) 如前所述，铁、锰氧化物是分布极为广泛的矿物，常呈结核状、岩石表面被膜状等形式广泛出现，这些氧化物对微量元素都具有极强的吸附作用。下面的实验也证实上述情况的存在[25]：对南京栖霞山铅锌矿床 40 线剖面的钻孔岩石样品，加工过 120 目筛，然后加蒸馏水搅拌 1 min，通过离心机使样品沉淀，取水样进行原子吸收光谱分析，结果发现，在矿体及其周围出现 Cu、Zn、Mn、Fe 等元素的异常，并且从矿体往外，异常浓度具有从高到低的变化特点（图 2-13）。

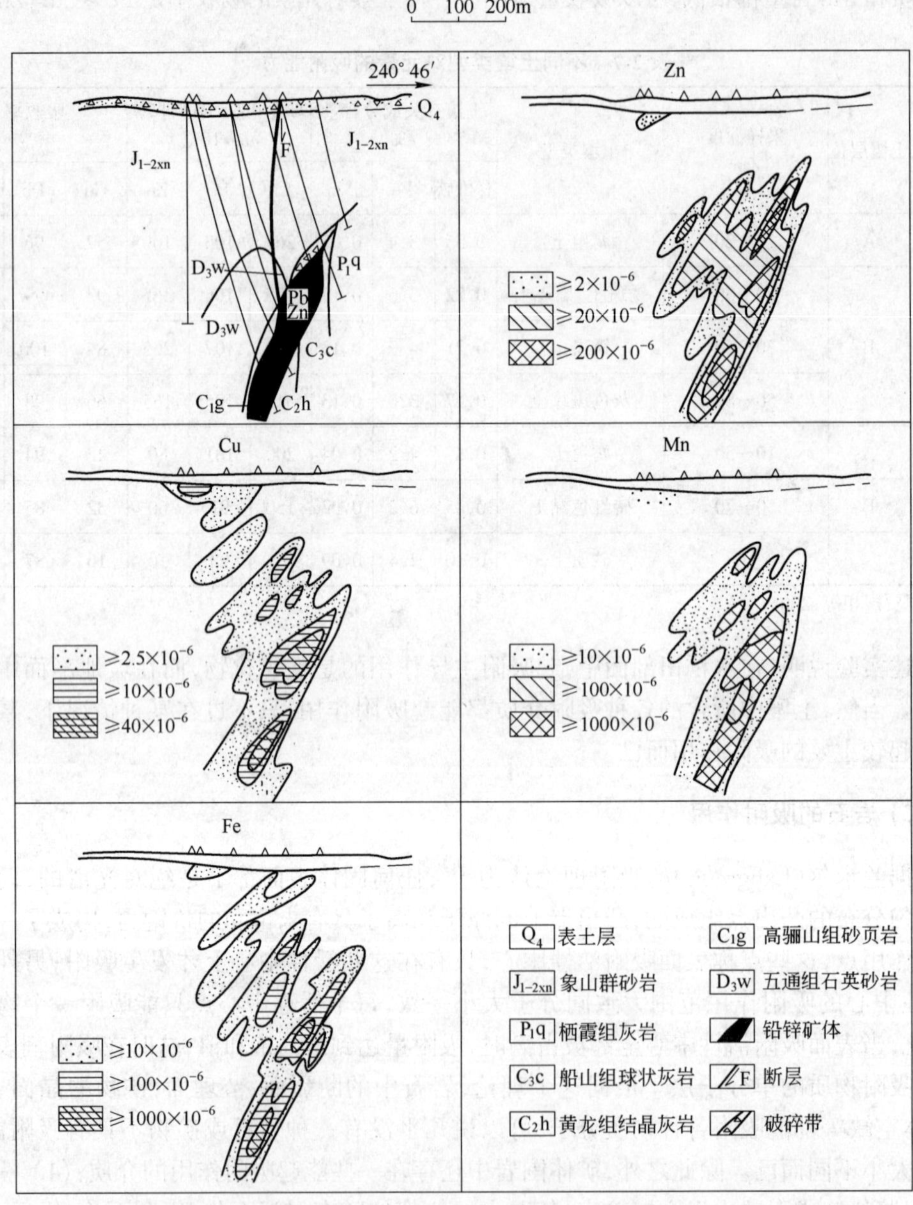

图 2-13　南京栖霞山铅锌矿床 40 线钻孔岩石样品水浸取元素异常剖面图

（据贾国相等，2005）

这些事实说明，在很多情况下，矿体围岩中都存在着呈活动态的组分，这也为岩石电吸附找矿法的应用提供了依据。

四、电吸附找矿法的找矿功能

(一) 电吸附找矿法可用于寻找露头矿和浅埋藏矿

为了阐明电吸附找矿法可用于寻找露头矿和原生晕异常已出露地表的浅埋藏矿，有必要进一步了解原生晕异常和次生晕异常中是否存在活动态组分及其占有多大的比例，这可根据元素的存在形式来估计。

表2-8为江西富家坞斑岩铜(钼)矿床3号勘探线土壤中铜各种存在形式所占的比例，表中的自由铜指自由铜离子、分子及硫酸铜等，属铜的活动态组分，结合氧化铜指硅酸铜，次生硫化铜为斑铜矿、辉铜矿，原生硫化铜为黄铜矿。从表中可见，该区不管是矿化地段，还是非矿化地段，土壤中铜元素主要以结合氧化铜形式存在，所占比例多数在50%～70%之间，次为自由铜，所占比例多数在11%～30%之间，次生硫化铜和原生硫化铜，特别是后者所占比例很低。造成这种情况的原因可能是由于该区的土壤环境为酸性，原生硫化物相黄铜矿在氧化作用下形成易溶于水的硫酸铜而部分流失，部分转化为其他相态。

表2-8　江西富家坞斑岩铜(钼)矿床3号勘探线土壤中铜各种存在形式所占比例

样品号	土壤层位	样品性质	pH	含铜量 $w(Cu)/10^{-6}$	不同形式所占比例/%				备　注
					自由铜	结合氧化铜	次生硫化铜	原生硫化铜	
1	A	亚黏土	6.0	84	16.7	54.8	16.7	11.9	非矿化地段
	B		5.4	88	11.4	77.3	11.4	0	
2	A		4.9	240	29.2	45.8	16.7	8.3	
	B		4.8	261	16.9	63.6	10.0	9.6	
3	A		4.7	84	28.6	31.0	16.7	23.8	
	B		4.9	124	12.9	54.8	11.3	21.0	
4	A		4.7	1280	21.1	70.3	6.3	2.3	矿化地段
	B		4.7	930	30.1	50.5	7.5	11.8	
5	A	亚砂土	4.8	796	20.1	65.3	11.3	3.3	
	B		4.9	962	16.6	68.6	9.6	5.2	
6	A		5.2	1360	33.1	55.1	8.8	2.9	
	B		4.8	1780	28.1	64.6	5.1	2.2	

注：据王继华等人资料整理[27]，1977。

根据任天祥等人的资料，在青海纳日贡玛地区沟谷两侧的渗出土中，铜的存在形式也以结合氧化铜为主，次为自由氧化铜，次生硫化铜和原生硫化铜，特别是后者所占比例很低(表2-9)。这种相态分配特点与上述例子基本相同。

表2-10为江西银山多金属矿床岩石、土壤中铜各种存在形式所占比例，从表中可见，岩石(矿体)和风化岩石(弱矿化)中铜元素主要以原生硫化铜形式存在，次为次生硫化铜，自由铜所占比例很低。土壤中以结合氧化铜为主，次为原生硫化铜和次生硫化铜，自由铜最低。从同一种岩性来看，即从岩石→风化岩石→土壤来看，原生硫化铜所占比例有逐渐降低的趋势，而自由铜则有逐渐升高的趋势，例如：从英安斑岩(矿体)→风化英安斑岩(弱矿化)→土

壤来看,原生硫化铜所占比例为:95.1%→38.0%→23.7%,自由铜为:0.01%→12.3%→6.5%;从石英斑岩(弱矿化)→风化石英斑岩→土壤来看,原生硫化铜所占比例为:42.6%→34.2%→13.9%,自由铜为:2.5%→4.9%→7.6%。这种变化规律完全符合表生地球化学作用的过程,即在未经风化的岩石(矿体或矿化体)中,原生硫化铜黄铜矿基本保持原状,随着岩石的风化到土壤化,在酸性环境条件下,黄铜矿逐渐被氧化溶解,转化为其他相态,导致其含量比例逐渐降低,自由铜含量比例逐渐升高。

表 2-9　青海纳日贡玛地区渗出土中铜各种存在形式所占比例

样品号	pH	含铜量 $w(Cu)/10^{-6}$	不同形式所占比例/%				备注
			自由氧化铜	结合氧化铜	次生硫化铜	原生硫化铜	
6	5.2	1380	32.2	43.8	18.1	5.5	围岩为花岗斑岩、玄武安山岩
7	3.8	760	10.4	52.6	21.5	15.1	
8	4.8	1800	29.5	58.4	6.6	5.5	
9	5.65	1680	17.7	70.1	9.3	2.9	
10	4.2	590	7.0	45.3	30.3	17.4	
11	6.2	820	20.3	59.5	11.4	9.3	
12	4.25	1740	22.8	61.1	12.6	3.7	
13	5.25	360	46.1	36.4	10.9	5.5	
18	5.96	1740	26.4	64.2	6.5	1.6	
19	3.1	820	6.5	43.5	48.7	1.1	
20	5.0	3390	64.0	31.7	2.7	1.5	

注:据任天祥等,引自参考文献[1],1985。

表 2-10　江西银山多金属矿床岩石、土壤中铜各种存在形式所占比例

样品号	样品性质	pH	含铜量 $w(Cu)/10^{-6}$	不同形式所占比例/%				备注
				自由铜	结合氧化铜	次生硫化铜	原生硫化铜	
1	英安斑岩		26373	0.01	1.3	3.6	95.1	矿体
2	风化英安斑岩		684	12.3	23.4	26.3	38.0	弱矿化
3	石英斑岩		434	2.5	25.3	29.5	42.6	弱矿化
4	风化石英斑岩		263	4.9	45.6	15.2	34.2	
5	风化千枚岩		94	14.9	27.7	25.5	31.9	
6	土　壤	4.8	186	6.5	53.8	16.1	23.7	母岩为英安斑岩
7	土　壤	4.7	158	7.6	50.6	27.8	13.9	母岩为石英斑岩
8	土　壤	4.5	62	12.9	38.7	16.1	32.3	母岩为千枚岩

注:据王继华等人资料整理[27],1977。

上述例子说明,在原生晕异常和次生晕异常中存在着活动态组分,不过前者的活动态组分所占比例较低,在0.01%～12.3%之间,后者的活动态组分所占比例较高,多数在11%～30%之间。这种活动态组分从地球化学定义来说不属于后生异常,它是由原地的原生晕异常和次生晕异常转化而来的,当然也有部分来自深部矿体的后生异常的叠加。这说明,用电吸附找矿法寻找露头矿和浅埋藏矿时，其效果和常规化探方法是一样的。下面所举例子将证明这个问题。

（二）电吸附找矿法的主要找矿功能是可用于寻找深埋藏隐伏矿

上面阐明了电吸附找矿法可用于寻找露头矿和浅埋藏矿，不过，电吸附找矿法的主要作用是可用于寻找深埋藏的隐伏矿，因由隐伏矿所引起的后生地球化学异常很微弱，用常规化探分析方法难以发现它，而用电吸附找矿法却能捕获它。下面举两个例子来说明。

图 2-14 为云南北衙金矿区 48 线土壤元素含量曲线图。该剖面出现产于第三系底部紫红色砾岩中的古砂金矿和中三叠统北衙组裂隙带中的脉状金矿，测线中部被第四系表土覆盖，东西两侧分别出露第三系丽江组上段灰岩、角砾岩和北衙组灰岩。从图中可见，在脉状盲矿体上方的 3～9 号点之间出现较清晰连续的电吸附 Ag、Zn 异常，而常规化探光谱分析测定的 Ag、Zn 元素在此地段无异常显示。另外，在 15 号点附近的断裂矿化破碎带上常规化探光谱分析测定的和电吸附法测定的 Ag、Zn 都有异常反映。无疑，3～9 号点之间的电吸附异常为盲矿体引起的后生异常的反映；因后生异常组分含量很低，常规化探难以发现它。而 15 号点正好处于断裂矿化破碎带上，表土为残坡积物，显然，此点的常规化探异常和电吸附异常为该处的次生晕异常的反映。

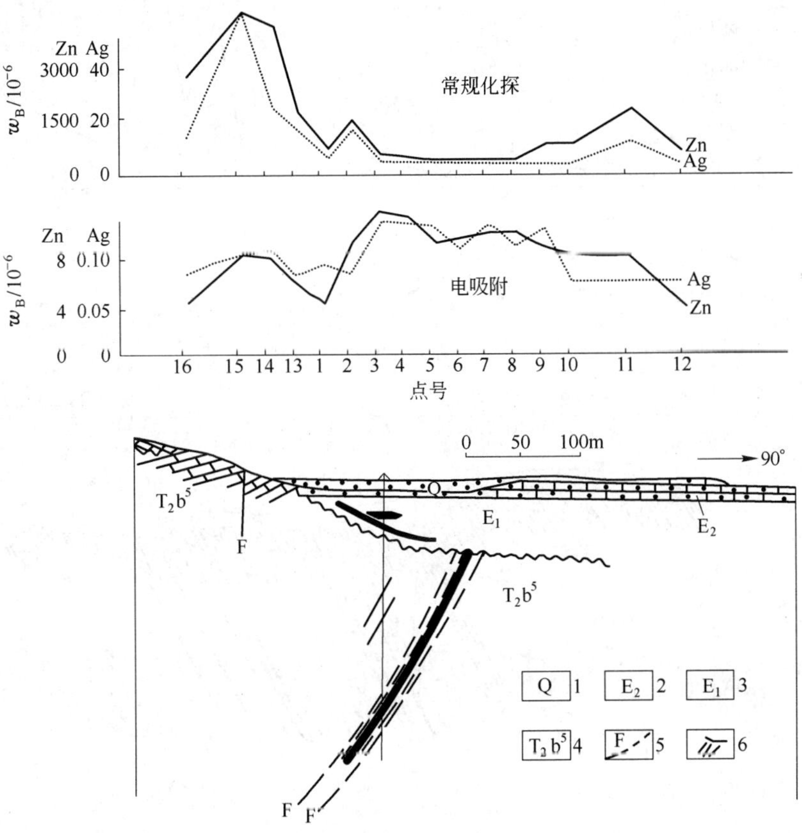

图 2-14 云南北衙金矿区 48 线土壤元素含量曲线图

1—第四系；2—第三系丽江组上段灰岩、角砾岩；3—第三系丽江组下段紫红色砾岩；4—中三叠统北衙组五段白云质砂屑灰岩；5—断层及推测断层；6—金矿体

图 2-15 为云南水泄铜钴矿区小团山矿段 9 线土壤元素含量曲线图。该剖面铜钴矿体产在上三叠统麦初箐组细砂岩、砂质泥岩夹泥灰岩的断裂破碎带中，呈细脉状产出；地表土壤层较发育，薄处为几十厘米，厚处为几米，最厚处达 20 多米。从图中可见，不管是在土壤层较薄的东部矿带，还是在土壤层厚达 20 多米的中、西部矿带，电吸附法测定的 Cu、Pb 在 3 个矿带上方即 1～3 号点、8～10 号点和 12～13 号点之间都出现非常清晰的 3 个独立的异常，而且异常的形态相似，分布位置吻合。而常规化探光谱分析测定的 Cu、Pb 仅在土壤层较薄的东部矿带上出现异常，在覆土较厚的中、西部矿带均无异常显示。显然，该剖面的中、西部电吸附异常分别为被厚层表土覆盖的中、西部掩埋矿带引起的后生异常的反映；东部矿带表土较薄，为残积物，无疑，该处的常规化探异常和电吸附异常为该矿化带风化形成的残留于原地附近的次生晕异常的反映。在该剖面中，电吸附法测定的 Cu 含量 $w(\mathrm{Cu})$ 在 $(0.13\sim3.56)\times10^{-6}$ 之间，Pb 含量 $w(\mathrm{Pb})$ 在 $(0.11\sim0.32)\times10^{-6}$ 之间（表 2-11），这样的含量远远低于常规化探统计的土壤中的 Cu、Pb 背景值，其异常已被背景值所掩盖。因此，用常规化探分析方法难以发现它，而电吸附法却能捕获它。这正是电吸附找矿法具有寻找常规化探方法难以发现的深埋藏隐伏矿功能的所在。

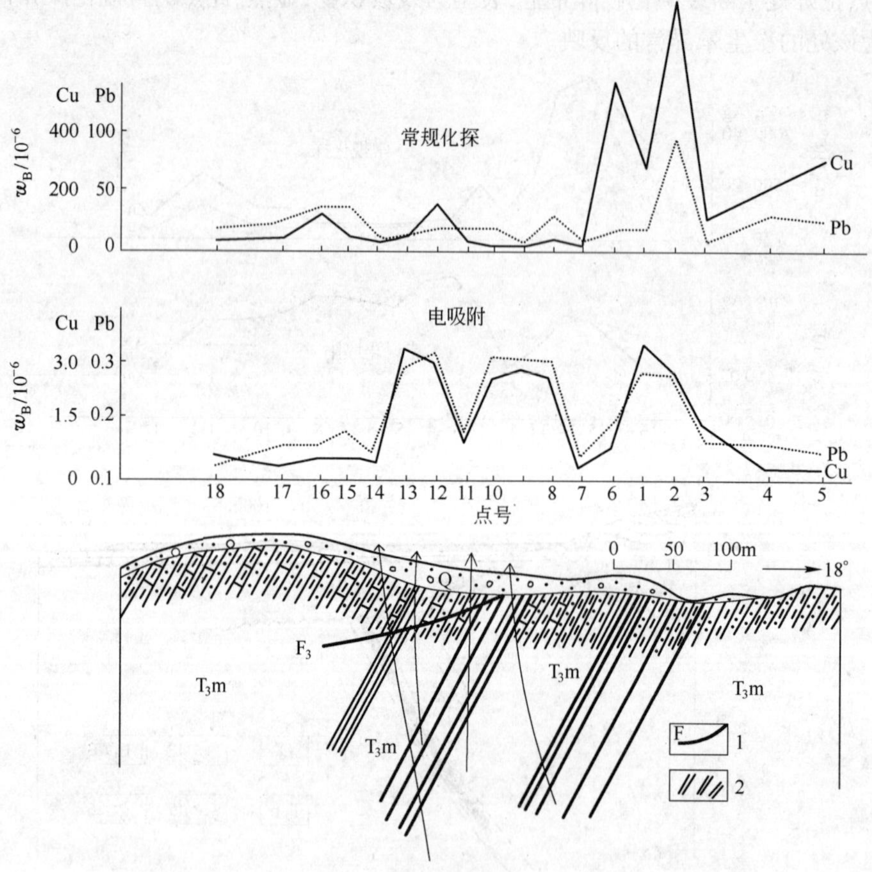

图 2-15 云南水泄铜钴矿区小团山矿段 9 线土壤元素含量曲线图

Q—第四系覆土；T_3m—上三叠统麦初箐组细砂岩、砂质泥岩夹泥灰岩；

1—断层；2—铜矿体

表 2-11　云南水泄铜钴矿小团山矿段 9 线土壤电吸附分析结果表　$w_B/10^{-6}$

点号	Cu	Pb	点号	Cu	Pb	点号	Cu	Pb	备　注
1	3.56	0.29	7	0.19	0.13	13	3.38	0.28	常规化探统计的土壤 Cu 背景值为 60×10^{-6}，Pb 背景值为 15×10^{-6}
2	2.69	0.28	8	2.50	0.30	14	0.31	0.13	
3	1.38	0.17	9	2.69	0.31	15	0.31	0.17	
4	0.25	0.16	10	2.50	0.31	16	0.31	0.15	
5	0.19	0.15	11	0.94	0.16	17	0.13	0.15	
6	0.75	0.18	12	3.00	0.32	18	0.19	0.11	

五、深埋藏隐伏矿电吸附异常成因理想模式

综上所述，我们可建立深埋藏隐伏矿电吸附异常成因理想模式，如图 2-16 所示，在氧浓度差电池和硫化物原电池的氧化溶解作用和其他因素的溶解作用下，深埋金属矿体产生溶解，在矿体周围的电解质（水溶液）中形成向上迁移的阳离子晕和向下迁移的阴离子晕；这种离子晕在水动力作用、由浓度差造成的扩散作用、毛细管作用及天然电场电动力作用等动力的驱动下，沿岩石微裂隙从地下深部向上运移到地表进入土壤，在表生条件下，有的组分因蒸发作用使溶液过饱和而析出，有的发生沉淀反应和胶体凝聚作用而析出，有的被土壤中的胶体、黏土矿物、有机质和铁、锰氧化物等所吸附，形成后生地球化学异常。在作用的过程中，矿体周围所形成的离子晕浓度相对较高，随着远离矿体浓度逐渐降低，进入土壤层后，由于存在各种析出作用和吸附作用，金属离子又相对被富集。电吸附法所提取的就是后生异常的活动态组分，尽管这种活动态组分异常很微弱，但对样品进行通电处理，可使异常组分进一步富集和强化，从而达到利用其来找深埋矿的目的。

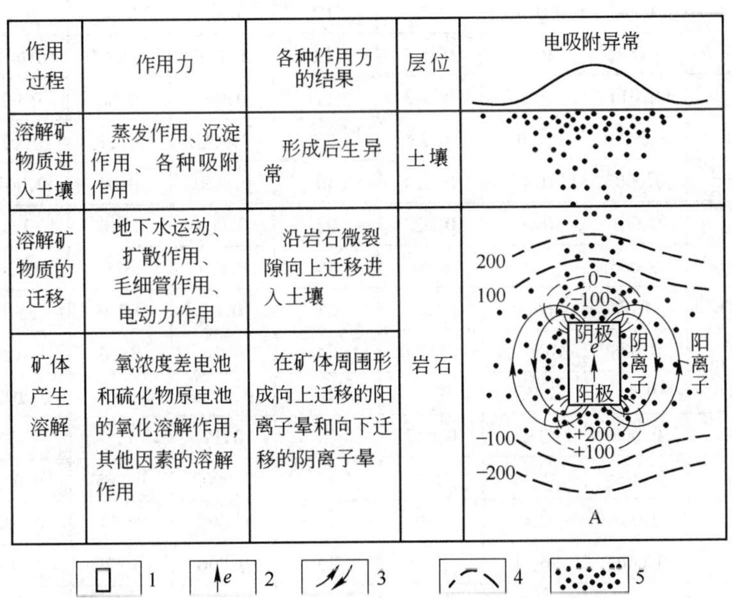

图 2-16　深埋藏隐伏矿电吸附异常成因理想模式

A—硫化物导体周围自然电位异常和金属离子分布模式（据 G J S Govett，1985，稍加补充）；1—硫化物矿体；2—电子流；3—离子运动方向；4—等电位线（mV）；5—离子晕

第四节　电吸附找矿法寻找油气藏的原理

一、石油中的金属元素含量特征

组成石油的元素主要是碳和氢,其次是氧、氮、硫。除了这 5 种元素外,石油中还含有很多微量金属元素和非金属元素。

表 2-12 列出了俄罗斯滨里海地区和西西伯利亚地区某些油田的原油和冷凝气中的元素含量[35]。从表中可见,两地区油田的原油和冷凝气中存在着含量变化很大的一系列元素。从同一区域的油田来说,各种元素的含量高低变化都很大,表明各油田具有各自的特殊性;从两区域对比来看,俄罗斯滨里海地区油田的稀有稀土元素和有色金属元素含量比西西伯利亚地区的油田高,特别是稀有稀土元素的含量高得更明显,前者比后者要高 1.5～2 个数量级。

表 2-12　俄罗斯滨里海和西西伯利亚某些油田原油和冷凝气中的元素含量

元素	滨里海				西西伯利亚				含量单位
	样品数	最低	最高	平均	样品数	最低	最高	平均	
Cu	13	0.0001	41.0	3.3	27	0.01	70.0	9.0	$w_B/10^{-6}$
Zn	30	0.0024	280.0	20.0	35	0.07	5.4	1.0	
Cd	16	0.016	75.0	13.0	8	0.002	0.12	0.053	
Fe	30	1.5	1900.0	170.0	35	0.2	98.0	12.0	
Co	29	0.00074	6.0	0.89	35	0.00017	0.99	0.075	
Cr	30	0.008	31.0	0.31	35	0.003	1.5	0.15	
Mo	13	0.04	0.3	0.2	12	0.03	0.32	0.15	
W	15	0.0015	0.08	0.012	19	0.0001	0.017	0.0024	
Ga	3	0.014	0.04	0.023	11	0.007	0.08	0.034	
As	30	0.00035	4.0	0.21	33	0.0008	0.11	0.021	
Sb	30	0.0003	0.47	0.024	19	0.0001	0.01	0.0034	
Hg	3	0.001	0.04	0.027	24	0.004	23.0	2.4	
Se	29	0.006	1.6	0.11	19	0.021	3.8	0.36	
K	30	0.05	65.0	4.4	28	0.01	87.0	35.0	
Na	30	0.008	31000.0	1400.0	24	0.16	31.0	3.2	
Ca	24	0.11	360.0	92.0	8	0.0001	0.075	0.012	
Mn	13	0.007	0.2	0.047	3	0.19	1.1	0.56	
Ba	26	0.0035	0.78	0.1	19	0.0002	0.065	0.011	
Sr	19	0.007	0.4	0.01	8	0.007	0.34	0.048	
Br	28	0.0007	960.0	43.0	35	0.006	0.7	0.15	
Au	29	0.01	600.0	22.0	19	0.02	130.0	8.0	$w_B/10^{-9}$
Sc	29	0.01	60.0	18.0	19	0.007	11.0	1.3	
Hf	5	0.01	100.0	28.0	8	0.01	0.81	0.18	

续表 2-12

元素	滨里海				西西伯利亚				含量单位
	样品数	最低	最高	平均	样品数	最低	最高	平均	
Ce	15	0.07	800.0	420.0	8	5.0	13.0	6.0	$w_B/10^{-9}$
La	29	0.08	49.0	19.0	19	0.1	7.5	1.3	
Nd	3	40.0	70.0	60.0	—	—	—	—	
Sm	29	0.01	40.0	11.0	19	0.1	1.6	0.4	
Eu	15	2.6	70.0	40.0	8	0.1	5.3	1.3	
Dy	8	2.0	80.0	26.0	—	—	—	—	
Yb	15	0.5	200.0	33.0	8	0.5	1.2	0.6	
Lu	12	0.05	1.2	0.30	8	0.05	0.1	0.06	
Th	12	0.2	69.0	34.0	8	0.2	1.1	0.3	
Rb	14	7.0	51.0	12.0	—	—	—	—	

注:据 Ю С Берман,1994。

表 2-13 是波兰 6 个油田的石油样品和两个凝析油田的凝析油样品中金属元素的含量[34],从表中可知,不同油田和凝析油田中,各元素的含量也存在一些差异,但从总体上来看差异不是太大。总的来说,各油田和凝析油田中各种微量元素含量相对较低。

表 2-13　波兰石油和凝析油中的金属元素含量

$w_B/10^{-6}$

元素	石油						凝析油	
	戈尔日查 2 号孔	戈尔日查 7 号孔	莫佐夫 1 号孔	恰尔托夫 6 号孔	齐奇里 2 号孔	布克 1 号孔	巴比莫斯特 1 号孔	卡尔戈瓦 6 号孔
Cu	2.50	1.30	0.65	0.91	0.17	0.26	0.60	0.50
Zn	7.10	6.80	6.30	7.4	2.70	4.20	6.40	4.30
Cd	0.06	0.01	0.07	0.015	0.003	0.004	0.008	0.005
Mn	1.35	0.80	0.38	0.34	0.14	0.20	0.24	0.21
Pb	0.29	0.13	0.17	0.16	0.03	0.05	0.21	0.07
Ni	0.24	0.23	0.29	0.21	0.06	0.11	0.50	0.12
V	0.34	0.19	0.49	0.091	0.003	0.004	0.015	0.012
Mo	0.11	0.005	0.005	0.068	0.005	0.005	0.005	0.005
Al_2O_3	2.60	2.70	2.40	4.00	0.81	1.90	3.50	1.70
MgO	1.10	2.20	2.30	1.50	0.37	0.52	2.30	0.53
Pt	0.005	0.005	0.005	0.005	0.005	0.005	0.005	0.005
Au	0.005	0.005	0.49	0.17	0.005	0.067	0.32	0.40
Ag	0.009	0.013	0.005	0.006	0.002	0.003	0.01	0.005
Pd	0.005	0.005	0.005	0.005	0.005	0.005	0.005	0.005
Co	0.011	0.01	0.034	0.011	0.003	0.005	0.051	0.004
Cr_2O_3	3.15	3.10	2.45	2.73	0.98	1.38	2.60	2.06

注:据 С П Якуценц,1998。

我们在大港油田采集了多口油井的原油，测定结果发现(表2-14)，不同油井的原油中各种元素含量变化也很大，同一元素的含量高低相差一般达2～3个数量级。在多数油井中，常量元素Fe_2O_3、Al_2O_3、CaO、MgO含量相对高些，最高达几万$\times10^{-6}$。微量元素的含量变化似乎与常量元素有一定的正相关关系，即常量元素含量较高的原油，其微量元素含量也相对较高。与俄罗斯的滨里海和西西伯利亚及波兰地区的油田相比，大港油田原油中的微量元素含量明显偏高，多数高2～3个数量级以上。

表2-14　大港油田石油中不同成分含量　$w_B/10^{-6}$

油井号	Fe_2O_3	Al_2O_3	CaO	MgO	TiO_2	Ba	Sr	Mn	Zn	Cu	Ni	Co	V	La
扣48×1	1430	2905	1968	6608	82	262	78	126	66	120	58	52	205	58
扣33	19232	322	19217	59400	750	1053	553	68	1721	856	254	260	106	29
羊10-33-2	29525	50375	28725	85950	1899	1600	741	2501	950	450	106	328	2516	581
羊3-16	251	277	228	532	12	24	60	24	42	10	25	26	68	130
歧601-2	15	11	30	30	0.1	4	10	10	12	10	10	12	10	10
歧606-1	24980	50100	25525	72300	2900	2100	776	2402	900	596	211	284	2110	482
歧610	1501	1208	640	1335	26	133	25	65	25	58	20	52	50	62
歧664	53	17	160	161	0.4	25	42	40	54	16	52	23	86	37
女49-52	15382	18242	10000	31000	800	1108	397	972	2270	232	370	110	210	120
女K51-48	14225	6250	3350	12825	13	246	224	857	1220	48	1251	135	1301	186
官66	2750	529	780	1556	12	239	196	121	883	280	150	38	120	22
官37-41	12900	18423	10100	30675	700	1151	502	1008	951	111	100	61	282	330
乌18	6192	4390	2424	8785	319	265	152	306	365	86	150	32	330	461

从上述不同区域油田原油的微量元素含量对比可知，它们之间存在一些差异，这种差异可能与各区域的地质构造条件、成油地质条件、围岩成分、区域成矿专属性等不同有关。如俄罗斯滨里海地区油田的稀有稀土元素和有色金属元素含量比西西伯利亚地区油田高就是由该区域的特殊成矿专属性所造成的，该地区已发现有贵金属、有色金属和放射性原料的矿点存在。又如我国的胶东地区是有名的金矿成矿区带，位于其近邻的胜利油田原油中金的浓度$w(Au)$可达$(0.106\sim0.132)\times10^{-6}$，而其他地区油田如江汉油田、克拉玛依油田，原油中金含量$w(Au)$只有几个$\times10^{-9}$(据林清等人，1993)[16]；据王学求报道(2004)[17]，胜利油田一测井资料中，有一处金含量$w(Au)$达1×10^{-6}。胜利油田原油中的金含量达到这样的高应该与该区域的成金专属性有一定的关系。总而言之，不同区域油田的原油中都含有多种金属元素，这为电吸附找矿法寻找油气藏提供了物质基础。

二、油气田地球化学异常的形成机制[10]

石油和天然气都是流体矿产，而流体矿产的最大特征就是具有运移性。石油和天然气自生成之后就开始了运移的过程，运移贯穿了整个油气生成、聚集直到最后散失破坏的各个环节，是油气生命的纽带。由油气田引起的烃类异常就是油气运移的某个阶段的产物，它的生命与油气田息息相关，当油气田最后散失破坏，烃类异常也将散失不复存在。油气田中伴生的微量金属元素，其异常的形成与烃类异常的形成密不可分，它们是同一过程的两个侧面。由油气田引起的烃类异常和金属元素异常都属后生异常。

烃类的垂向迁移理论是近地表油气化探的基础。半个多世纪以来，大量的勘查实践和油气田及储气库上的实验，都证实油气藏内的烃类可以向上迁移到近地表，并被现代分析手段查明和确认。为解释这种现象，人们一直在探讨、争论烃类垂向迁移机制的问题。归纳起来，油气地球化学异常的形成机制主要有下面几种：

（一）扩散作用

扩散作用是由浓度差造成的。任何物质分子都处于运动状态之中，分子运动的特点是使其浓度在各个方向达到平衡。如果物质中某种成分的浓度在各个方向不同，则该成分的分子将从浓度高的地方向浓度低的地方移动，直到浓度平衡为止。物质分子的扩散服从费克定律：

$$dQ = -D \cdot dS \cdot \frac{dc}{dx}$$

式中 dQ——单位时间内，物质通过横截面积 dS 的扩散量，$g/(m^2 \cdot s)$；

D——扩散系数，m^2/s；

dS——横截面积，m^2；

$\frac{dc}{dx}$——浓度梯度，$g/(m^3 \cdot m)$。

式中负号表示物质向浓度减少的方向进行扩散。扩散系数是在单位时间内当浓度梯度为1时通过单位面积的扩散量。扩散系数的大小表示扩散能力的强弱。扩散量与时间、扩散面积、浓度梯度和扩散系数成正相关。当前三个变量一定时，扩散量的大小就只与扩散系数有关。

分子的扩散作用，不仅在流体静止时发生，在运动状态也会发生，不但有水平方向的横向扩散，还有垂直方向的纵向扩散。油气藏中烃类和金属元素的浓度远远比围岩高，它们必然从油气藏向围岩扩散，烃类的扩散能力随分子量的增加呈指数关系减少。天然气的分子量和分子直径都比石油小，因此在相同条件下天然气的扩散能力比石油大得多。对烃类来说，实际上只有碳原子在 $C_1 \sim C_{10}$ 之间的轻烃，才具有扩散运动的作用。根据 Leythaeuser (1981)的资料，烃类中以甲烷(CH_4)的有效扩散系数最大，为 $2.12 \times 10^{-6}\ cm^2/s$，而 $C_{10}H_{22}$ 则为 $6.08 \times 10^{-9}\ cm^2/s$，减少了三个数量级。在油气化探实践中，土壤吸附烃甲烷异常通常比乙烷、丙烷、丁烷等发育正是这种原因造成的。由于天然气的扩散作用强，因此人们认为天然气在地下可以以扩散方式进行运移，而石油尤其是重组分则不大可能，但是其伴生的轻烃组分和微量元素同样可以以扩散作用进行运移。

虽然扩散作用在物质转移方面的效率比较低，但是它受客观条件诸如温度、压力、地层的物性等的影响比较小。只要有浓度差存在，扩散作用就无时无刻不在发生，甚至在异常高压状态下也能毫无阻碍的进行。因此，它是油气地球化学异常形成的很重要的作用机制。

（二）渗透作用

渗透作用指的是在压力的驱动下，油气或水溶组分（包括水溶油气和金属离子）通过岩石的裂隙、解理、断裂带等高渗透介质的迁移作用。

物质渗透作用的迁移量与物质的浓度、介质的运动速度有关,可以用下式表示:

$$I_K = c \cdot v$$

式中 I_K——物质的迁移量;

c——物质在水溶液中的浓度或活度;

v——运动介质(地下水)的流动速度。

渗透作用是很复杂的,因为地下水在多孔介质渗流时,实际速度的分布是很不均匀的,特别是在纵向上运动介质通过不同时代的含水层或非均质岩层时更是如此。

渗透迁移是石油和天然气垂向运移在浅层形成地球化学异常的一种很重要的机制。在含油气盆地中油气水作为一个完整的流体系统,能够沿断层垂直向上运移已被许多事实所证明,例如:在许多盆地中石油的储量与断距成正比,即断距越大形成的储量越大;形成盆地的主断层附近产油多;发育不完全的断谷和块断盆地以及扭断盆地产油多;在油气化探实践中,在断裂发育区,地表土壤吸附烃异常较发育,且多沿断裂呈线状展布,形成在垂向上与油气藏不对应的侧向偏移异常。

Price(1980)根据世界上许多含油气盆地的情况而提出的深盆地热水垂直运移模式,就是建立在物质渗透迁移的基础上的。他认为,地下深处的饱和有机烃类的200℃以上的热水,在深盆地异常高压作用下,沿着开放性的断层面向上垂直运移。当流体向上运移进入正常压力层段时,如果流体向上迁移所需的压力大于进入侧向的砂层压力时,则流体进入砂层后转为侧向运移直到圈闭为止,否则流体将继续向上运移直到最后渗出地表而散失。从该运移模式可见,断层与油气运移聚集或散失有着非常重要的关系。

渗透作用是由压力差造成的,只要存在压力差,这种作用就不停息。

(三) 水动力迁移

溶解于水的低分子量烃,由于压力、温度、盐度等流体动力学因素的变化,或仅仅由于化学势的驱动,都会穿过上覆岩层作垂向迁移。石油各组分在水中的溶解度虽各不相同,但总的来说是很低的,尤其是天然的全石油在水中的溶解度更低,但随温度的增高而增加。全石油在25~100℃温度下其溶解度只有(几~10)$\times 10^{-6}$,150℃以上溶解度有较大增加,可达100×10^{-6}。天然气主要由甲烷组成,还含有少量乙烷、丙烷乃至丁烷和戊烷。天然气在水中的溶解度比石油在水中的溶解度大得多,在常温常压条件下,烃类气体在水中的溶解度一般比全石油在水中的溶解度大100倍;在高温高压条件下还要大,例如,在7 MPa(70 bar)压力、温度为37.8℃时,天然气在水中的溶解度可达1.42 m^3/m^3(据Bonbam,1978)。在高温高压条件下,甲烷的溶解度增加很快,例如:温度为154℃、压力分别为15 MPa(150 bar)和45 MPa(450 bar)时,甲烷的溶解度分别为4 m^3/m^3和7.5 m^3/m^3;当温度为200℃、压力分别为15 MPa(150 bar)和45 MPa(450 bar)时,甲烷的溶解度分别为5.5 m^3/m^3和10 m^3/m^3(据Price,1979)。这种特点为深部处于较高温度、较高压力条件下的水溶解较多的烃而到近地表低温低压处又被释放出来,促使烃类向上迁移并形成异常提供了条件。另方面,所谓的"盐析作用"也被认为是烃类的一种迁移机制,即溶解有大量烃的水在运移中遇到含盐度更高的水,就会因烃溶解度的降低而把烃从溶液中排移出来。这种水动力迁移机制可以使烃类垂向迁移形成微渗逸异常,被许多研究者用来解释近地表异常的形成和分布的原因。

(四) 微气泡迁移机制[9]

微气泡迁移机制是 MacEIvain(1969)提出的,该理论认为,烃类气体是以超小(胶体粒径)气泡迁移的,它很容易被周围的水向上推移。与大气泡相比,微气泡可显示出与分子类似的布朗运动,摆脱“粘着”效应沿曲折路径以每秒数毫米的速度快速上移。与溶解气体和单分子气体相比,在作垂向运移时微气泡不需要足够的密度即可上浮。该机制从地层剖面中温度、压力变化的角度解释了所谓的“色层效应”,即为什么近地表只有分子量小的烃才有较高浓度,而分子量大的烃被留在剖面下方。总之,微气泡说较好地解释了实例中观测到的现象,说明了其他机制不能恰当说明的一些问题,得到国内外一些研究者的支持。

地质、地球化学作用是复杂多样的,油气田地球化学异常的形成除了上述各种迁移机制外,可能还有其他的机制,它是诸多迁移机制综合作用的产物。

三、油气田地球化学异常形成过程中金属元素的迁移形式

上面介绍了油气田地球化学异常的形成机制,无疑,油气田中伴生的金属元素将在各种迁移机制的作用下参与烃类一起迁移。但是它们是以什么形式参与迁移的呢? 有关这方面的研究资料不多,现根据所了解的资料进行简单介绍。

一般情况下,金属元素多呈有机金属化合物的形式存在于石油的胶质和沥青质之中。前人研究证明,深部油气藏中的金属元素在有地下水的条件下很容易发生溶解。如在地下深处,油气藏中的金属元素与还原电位高的物质接触,很容易发生电化学溶解,溶解出来的氧化态 Pb^{2+}、Ni^{3+}、Cu^{2+}、Zn^{2+}、Mn^{3+}、V^{3+} 具有较强的极化力,易与油气藏中广泛存在的 CH_3^-、$C_2H_3^-$、Cl^-、HS^-、S^{2-}、CO_3^{2-}、Br^-、I^-、CN^- 和 CNS^- 等形成易溶络合物或络阴离子,如 $MnCH_3$、$H[VCl_4]$、$[Cu(Cl)_2]^-$、$[Ni(Cl)_4]^-$、$[V(CN)_5]^{2-}$、$[Zn(Cl)_3]^-$ 等。而这些络合物或络阴离子在 CO_3^{2-} 型水、HCO_3^- 型水和 SO_4^{2-} 型水中都易于迁移,所以被彼列尔曼列为“活动因子”。通常在油气藏的周围环境中均存在 CO_3^{2-} 型水、HCO_3^- 型水和 SO_4^{2-} 型水(表 2-15、表 2-16),这为金属元素的扩散迁移提供了必要条件。Seward(1984)通过实验研究也证明,金属元素主要以卤合物、烃基、苯基、硫氢、硫酸、碳酸络合物的形式迁移。

表 2-15　油田水成分

mg/L

油　田	储油岩年龄	Cl^-	SO_4^{2-}	CO_3^{2-}	HCO_3^-	$Na^+ + K^+$	Ca^{2+}	Mg^{2+}	总计
海　水		19350	2690	150	—	11000	420	1300	35000
海　水		5503	7.7	0.2	—	31.7	1.2	3.8	
Lagunillas, Wastern Venezuela	610～89915 Ma	—	—	120	5263	2003	10	63	7548
Conore, Texas	砂岩,太古宙	47100	42	288	—	27620	1865	553	77468
East Texas	砂岩,晚白垩世	40598	259	387	—	24653	1432	335	68964
Burgan, Kuwait	砂岩,白垩纪	95275	198	—	360	46191	10158	2206	154388
Rodessa, Texas-La	灰岩,早白垩世	140063	284	—	73	61538	20917	2874	225749
Davenport, Okla	纯砂	119855	132	—	122	62724	9977	1926	194736
Bradford, Pa	砂岩,泥盆纪	77340	730	—	—	32600	13260	1940	125870
Oklahoma City, Okla	砂岩,奥陶纪	184387	268	—	18	91603	18753	3468	298497
Garber, Okla	灰岩,奥陶纪	139496	352	—	43	60733	21453	2791	224868

注:据 H L Barnes,1979。[44]

表 2-16 广西百色盆地油气田地层水成分 mg/L

井号	取样深度/m	$K^+ + Na^+$	Ca^{2+}	Mg^{2+}	Cl^-	SO_4^{2-}	CO_3^{2-}	HCO_3^-	总矿化度
雷 6	600	0.45	0.45	0.15	2.65	1.23	—	22.34	52.44
百 55-2	1288	12.27	2.12	0.40	1.83	1.44	1.66	9.86	29.58
新花 8	1953	14.48	0.38	0.10	1.96	2.31	—	10.69	29.92

注:据中国有色金属工业总公司矿产地质研究院等,1990。

自 20 世纪 90 年代至今,俄罗斯一些学者在一些油气藏上开展了地电化学方法的研究,发现石油层边缘在地表的投影处金属元素的含量明显增高,特别是对于背斜成因的油气藏,在地表形成的金属元素异常与石油层边缘在地表上的投影相吻合,并构成一个环状的异常带(图 2-17)[33]。俄罗斯一些学者把这种异常称为射流晕。射流晕概念是由前苏联地电化学家 Ю С 雷斯等人在对金属矿的研究中首先提出的,主要是为了区别传统地球化学中的扩散晕。它指的是矿体中的运动态金属元素在某种机制(假设是微气泡上升)的作用下垂直向上迁移直达地表,从而在矿体上方形成金属元素的垂直分布现象,即射流晕。传统地球化学找矿方法中,是研究金属元素的总浓度,这种浓度随远离矿体而急剧衰减。而射流晕研究的对象是矿体中运动状态的金属元素,这种状态的金属元素浓度很低,所以在地表所测得的含量也很低,然而由于垂直迁移作用,而且迁移的距离相当远,可以把深部成矿信息直接带到地表,因此,地表射流晕的分布与矿体在地表上的投影相一致。这样通过对射流晕的研究便可以更准确的确定矿体的赋存部位。关于石油层上方的金属元素射流晕分布现象的形成机制,到目前为止还没有一个确定的解释。俄罗斯地电化学家 О ф Путиков 认为[6],石油层上方运动状态的金属元素射流晕的分布与地球内部的气体(主要是氢、氮、甲烷等)向上迁移有

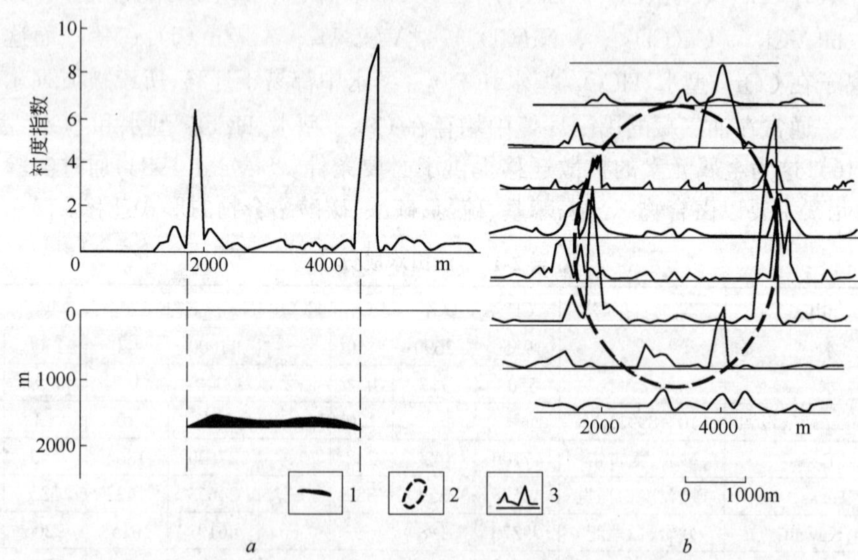

图 2-17 油气藏上方地电化学方法的应用结果

a—剖面图;*b*—平面图

(据 О ф Путиков 等,2000)

1—油藏;2—油藏轮廓在地表上的投影;3—用活动态元素法测得的 Ni 和 Co 的衬度指数

(金属元素在给定样品中的含量与采样地段平均含量的比值)

关，并提出了形成石油层上方金属元素射流晕分布的地质-地球物理模型(图 2-18)。如图所示，在与油气接触的地下水中金属元素的含量比其他地方明显高，当气泡通过含有金属元素的石油水时，地下水中的金属离子与气泡接合，并通过气泡上浮把金属元素带到地表。由于油气藏及其上覆岩层的隔离作用，气泡很难通过油气层，而在石油层的边缘有裂隙存在相对容易通过，因此，在石油层上方的边缘由于气泡的作用，金属元素向上垂直迁移，从而在石油层上方形成金属元素的射流晕分布现象。

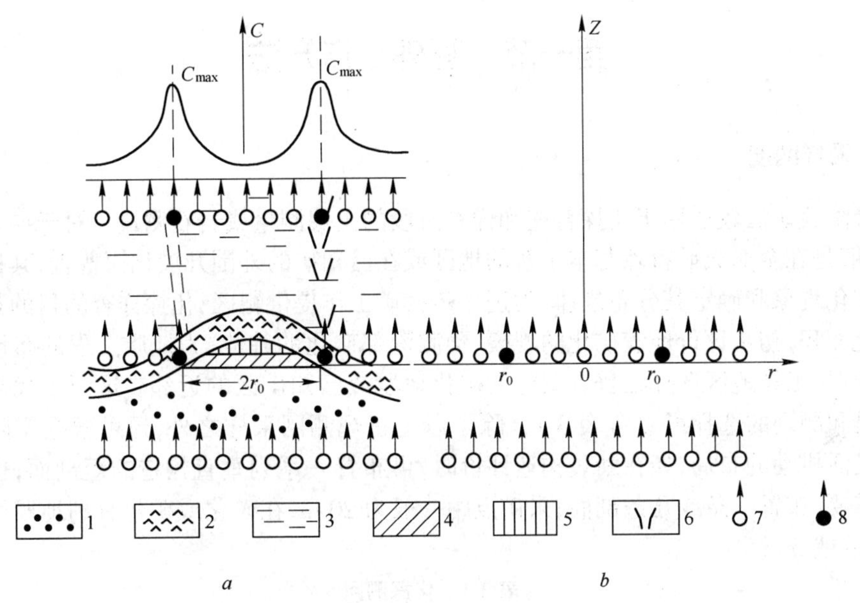

图 2-18　油气藏的概略构成图(a)和圆柱坐标系(b)

(据 О ф Путиков 等，2000)

C—元素含量；Z—气泡上升方向；

1—储层的含水部分；2—盖层的非渗透性或弱渗透性岩石；3—上覆岩层；4—油藏；5—天然气藏；6—岩石中近垂向的裂隙系；7—气泡流；8—捕获住活动态重金属元素的气泡流 Z 和 r—圆柱坐标；r_0—油藏半径

油气藏中金属元素的迁移形式不可能是单一的形式，除了以络合物形式、有机金属化合物形式、呈自由离子和分子状态形式进行迁移外，可能还有其他的形式。但不管什么形式，在各种迁移机制的作用下，它们将被运移到地表进入土壤中，并由各种析出作用和吸附作用聚集形成后生异常，为电吸附找矿法寻找油气藏提供了依据。

第三章　电吸附找矿法的工作程序

第一节　野外工作方法

一、采样网度

电吸附找矿法较适用于化探普查和详查阶段的土壤测量或岩石测量。对于寻找金属矿来说，一般是在金属成矿特点基本了解的地区或在已知矿的外围开展化探普查，其目的是发现新的矿化现象和确定其分布规律，为进一步找矿工作提供靶区；化探详查的目的是确切地圈定矿化面积，初步评价地表矿化的规模，预测深部矿化的趋势，为地质工程的布设提供地球化学依据，工作地区选择在普查圈定的矿化地段或已知矿区的近邻。这两个找矿阶段所用比例尺和测网的选择可参考表3-1。除了以上正规测网采样之外，还可根据实际情况采用各种灵活机动的布局，如在断裂构造评价时，可布置一系列垂直构造的短剖面；也可根据找矿的需要，布置一条或几条剖面；采矿点距一般为20 m，在矿化或矿化有利地段可适当加密到10 m或5 m。

表3-1　化探测网

<table>
<tr><th rowspan="2">矿　种</th><th rowspan="2">找矿阶段</th><th rowspan="2">比　例　尺</th><th colspan="2">测　　网</th><th rowspan="2">采样密度
/点·km^{-2}</th></tr>
<tr><th>线距/m</th><th>点距/m</th></tr>
<tr><td rowspan="4">金属矿</td><td rowspan="2">普　查</td><td>1:2.5万</td><td>250～200</td><td>100～50</td><td>40～160</td></tr>
<tr><td>1:1万</td><td>100</td><td>50～20</td><td>200～500</td></tr>
<tr><td rowspan="2">详　查</td><td>1:5千</td><td>50</td><td>20～10</td><td>1000～2000</td></tr>
<tr><td>1:1千</td><td>20</td><td>10～5</td><td>5000～10000</td></tr>
<tr><td rowspan="2">油　气</td><td>普　查</td><td>1:10万</td><td>1000</td><td>1000～500</td><td>1～2</td></tr>
<tr><td>详　查</td><td>1:5万</td><td>500</td><td>500～250</td><td>4～6</td></tr>
</table>

在油气勘查中，普查阶段主要是了解评价区油气的大体活动规律，圈定油气活动的大概范围，为生产部门提供宏观决策的依据；详查阶段是较具体的了解工作区油气活动的分布规律和较确切地圈定油气活动的分布范围，为钻探井位的布设提供地球化学依据。因油气的存在状态与金属矿大不相同，其地球化学异常的形成机制与金属矿也不一样，一般油气藏所引起的地球化学异常面积比较大，可达数平方公里或几十平方公里甚至上百平方公里以上，因此，其测网的布设和采样密度与寻找金属矿也不一样，即在同一找矿阶段，其采样网度可大大放稀。其测网的选择和采样点的密度可参考表3-1。

二、采样层位与深度

在土壤类型为残积物、坡积物或两者混合物的山区、坡地和丘陵景观区，不论是寻找金属矿，还是寻找油气，采样方法与常规化探相同，通常采集B层或B层底部的样品，即要求采样层位的统一性而不要求深度的一致性。在被外来的运积物、冲积物、风积物、淤积物等覆盖的山间盆地、黄土高原和平原等地区，土壤分层不明显或难以分层，在此情况下，寻找不同的矿种要求不同的采样深度，经试验，通常情况下，寻找金属矿采样深度可相对浅些，一般为40～50 cm(表3-2)，寻找油气相对要深些，一般为1 m左右。后者主要考虑样品还要测定易挥发的烃类组分，深度太浅的样品，烃类组分易于挥发或与大气交换而贫化，而电吸附测量一般都是与烃类测量同步进行的，没有必要另采其他深度的样品。对于土壤的性质，电吸附找矿法没有特殊的要求，经试验，土壤性质不影响电吸附的结果(表3-3)。

表3-2　不同深度样品电吸附含量对比表

王河金矿						大港油田					
样品号	深度/cm	Au	Cu	Pb	Zn	样品号	深度/cm	Cu	Pb	Ni	Cr
W1	20	3	1.56	11.8	5.8	C1	30	18	78	16	8
	50	6	2.83	15.4	7.3		50	46	88	24	10
	70	5	1.97	14.6	6.4		80	103	97	29	16
	90	5	1.89	14.7	5.9		100	89	91	28	13
W2	20	7	2.26	13.8	6.1	C2	30	22	73	11	7
	50	15	4.51	20.1	8.8		50	38	82	10	9
	70	13	3.87	19.8	8.1		80	68	90	21	12
	90	14	3.82	16.7	8.0		100	45	56	18	11
W3	20	4	1.88	13.5	4.9	C3	30	11	68	12	7
	50	20	2.64	15.8	6.0		50	15	73	18	8
	70	15	2.61	15.5	5.4		80	23	79	19	11
	90	16	2.68	16.0	5.6		100	21	79	13	8

注：$w(Au)/10^{-9}$，其他元素为 $w_B/10^{-6}$。

表3-3　各矿区不同性质土壤电吸附分析结果平均值对比表

矿　区	土壤性质	Au	Ag	Cu	Pb	Zn	样品数
王河金矿	黏　土	3.21	0.0196	16.52	28.66	12.35	52
	亚黏土	3.22	0.0198	16.53	28.65	12.38	21
	亚沙土	3.21	0.0195	16.51	28.65	12.33	8
	沙　土	3.24	0.0196	16.00	28.67	12.36	7
康家湾铅锌矿	黏　土	5.36	0.0681	11.56	25.78	21.03	126
	亚黏土	5.32	0.0683	11.48	25.66	21.10	59
	亚沙土	5.37	0.0681	11.52	25.81	21.08	16
	沙　土	5.35	0.0687	11.58	25.71	21.11	12
大港油田	黏　土			15.68	31.52	22.43	1254
	亚黏土			15.46	31.61	22.26	1866
	亚沙土			15.58	31.59	22.52	863
	沙　土			15.60	31.55	22.38	206

续表 3-3

矿　区	土壤性质	Au	Ag	Cu	Pb	Zn	样品数
青海油田	黏　土			14.38	28.63	15.63	15
	亚黏土			14.43	28.36	15.28	28
	亚沙土			14.55	28.44	15.80	16
	沙　土			14.21	28.26	15.71	5

注：$w(\mathrm{Au})/10^{-9}$，其他元素为 $w_B/10^{-6}$。

三、样品加工

土壤样品自然风干，用木棒敲碎，不要高温烘烤和研磨，尽可能保持样品的自然粒度。经试验，土壤样品的加工粒度取0.175～0.121 mm(80～120目)为佳，而岩石样品的加工粒度则取0.074 mm(200目)为好。

第二节　室内电吸附条件的选择和电吸附步骤

一、室内电吸附条件的选择

电吸附找矿法的技术关键在于如何把后生异常的活动态组分提取出来，并能达到找矿效果，这涉及室内电吸附技术的各个环节，包括样品量、电场、电压、电流、助溶剂、电极、吸附介质、通电时间等物理-化学条件的确定。其中只要一个条件不合适，都将影响电吸附的结果，因此必须认真对待之。

(一) 样品量

由于电吸附方法是提取土壤和岩石中呈活动态的金属成矿元素和伴生元素，因此电吸附所提取的元素量与样品量成正比，故样品量不能太少；不过，样品量也不能太多，太多影响因素也多，如在容器中加大样品量将使容器中样品的体积较大，当电极插入通电后难使所有样品都处在一个相对均匀的电场中。所以，样品量的选择要合适。通过几年的试验，认为样品量在10～20 g较好。

(二) 试验电场的选择

由于金属离子必须在电场力的作用下才能作定向运动，运移到电极附近的吸附介质被吸附，因此，电场方向应保持一个方向不变。在选择电源时应选择直流电源，若条件允许可选择脉冲式直流电源。因为吸附在岩石和土壤颗粒中的金属离子，在脉冲电流的作用下更容易解脱出来。

(三) 电压的选择

由于电压与电场强度成正比关系，在整个吸附过程中要求电场强度基本保持不变，因此，电压应当选择稳压脉冲直流电。实验表明，在电吸附过程中电压以10～15 V较好。

(四) 电流

由于电流是单位时间内到达电极的电荷量，溶液中离子多到达电极的电荷就多，则电流量就大，反之电流量就小。因此在提取过程中电流不进行控制。

(五) 助溶剂的选择

要把土壤和岩石样品中活动态的金属元素解脱出来，并被吸附介质所吸附，应选择适当的助溶剂，这里所称的助溶剂与一般的助溶剂含义不大相同，它既不能使原生矿物溶解，也不能与金属元素形成稳定的化合物沉淀，还不能破坏或降低电极周围的吸附介质的吸附能力，但能使活动态的金属元素脱离原来的吸附体。助溶剂的选择是电吸附方法很重要的环节，选择不当将影响电吸附的效果。目前国内外的研究表明，在低温条件下，Au、Ag、Cu、Pb、Zn 等金属元素都能以 Cl^-、CN^-、SO_4^{2-}、HS^-、有机烃基为配位体形成络合离子或螯合物等，因此可选择 pH 为近中性的多阴离子溶液作为助溶剂。

(六) 电极

根据元素化学性质的活泼性，电极可分为活性电极和惰性电极，活性电极包括铜电极、铝电极、碳棒等；惰性电极包括铂电极、铂铑电极、银电极等。在电吸附过程中，若用活性电极，则对所测定的与电极成分相同的元素产生干扰，例如要提取 Cu，若采用铜电极，由于电极本身的电离产生铜离子进入电吸附溶液中，则对铜的分析结果产生干扰；若选择碳棒，则由于活性炭具有吸附性，对金属元素具有吸附作用，将影响金属元素在吸附介质中的吸附。经试验(表 3-4)，在同样条件下，惰性电极——铂电极所吸附的金属元素量比活性电极——铝电极所吸附的金属元素量高，例如铂电极金属元素吸附量(质量分数)的平均值：$w(Ag)=0.0736\times10^{-6}$、$w(Cu)=4.4922\times10^{-6}$、$w(Pb)=2.2911\times10^{-6}$、$w(Zn)=15.8478\times10^{-6}$；而铝电极金属元素吸附量(质量分数)的平均值：$w(Ag)=0.0646\times10^{-6}$、$w(Cu)=2.33\times10^{-6}$、$w(Pb)=2.16\times10^{-6}$、$w(Zn)=11.24\times10^{-6}$。因此选择电极时应选择惰性电极，本方法试验电极选择铂电极。

表 3-4 不同电极吸附量统计参数对比表 $w_B/10^{-6}$

电 极	元 素	平均值	标准偏差	变化系数	最大值	最小值	样品个数
铂电极	Ag	0.0736	0.01	0.1040	0.09	0.06	18
	Cu	4.4922	1.31	0.2912	7.62	2.10	18
	Pb	2.2911	0.24	0.1068	2.70	1.82	18
	Zn	15.8478	4.47	0.2819	27.68	9.60	18
铝电极	Ag	0.0646	0.01	0.1118	0.08	0.05	18
	Cu	2.33	1.51	0.6488	5.88	0.66	18
	Pb	2.16	0.25	0.1154	2.70	1.72	18
	Zn	11.24	2.40	0.2135	16.00	8.48	18

（七）吸附介质的选择

吸附介质的好坏直接影响到电吸附的效果。如果吸附介质选得好，它在电吸附时对金属元素的吸附率就高，反之，吸附率就差，将影响异常的圈定。吸附介质是多种多样的，目前广泛用于微量元素富集的吸附介质有树脂、泡沫塑料、活性炭、负载纤维等。经试验，这些吸附介质对金属离子均具有很强的吸附作用，但活性炭灰分较多不利于发射光谱分析方法的测定；而树脂由于含有 Pb、Zn 杂质不易消除，使用前需预处理，操作繁杂不易掌握；泡沫塑料、负载纤维均具有吸附率高、灰分少、其本身多种微量元素含量相对很低的优点，非常适合于廉价、快捷的发射光谱法测定，在电吸附时可用这两种吸附介质。不过，泡沫塑料本身 Sn 含量较高，对于要测 Sn 的样品，则只能用负载纤维作为吸附介质。

（八）正负电极吸附结果的选择

金属元素在助溶剂溶液中转化成离子后，有的与助溶剂有关组分形成络阴离子，有的成为自由离子。因此，它们在电场作用下运移的方向是不同的，即络阴离子向正极运移，阳离子向负极运移。试验证明，Au、Ag、Cu、Pb、Zn 等金属元素多数能与 Cl^- 结合呈络阴离子形式在正极被吸附富集。各矿区的实验也表明，正极吸附的这些元素的异常与地质条件比较吻合，而负极吸附的异常与地质条件吻合性较差。因此，在电吸附找矿中选择正极的吸附介质进行分析测试。

（九）时间

对同一测区的一批样品，若有一个样品的吸附时间不一样，则会影响测定的结果。由于各地区的地质、地球化学环境不同，其岩石和土壤中活动态组分的存在形式也不完全一样，在电吸附时，有的可能较容易从岩石、土壤颗粒中解脱出来，有的可能较难解脱。因此，对每一测区的样品最佳吸附时间的选择应先进行试验确定，确定方法根据电流曲线来选择。在试验过程中每 5 min 记录一次电流值，例如后沟（表 3-5），北衙（表 3-6、表 3-7），水泄（表 3-8），王河（表 3-9～表 3-11）等矿区的试验结果所示，当电流值较小，且变化不大或相同时，此时即为最佳的吸附时间。从试验结果可知，除后沟金矿电吸附最佳时间为 90 min 外，其他矿区最佳时间均为 120 min。

表 3-5　后沟金矿电吸附测样时间确定表

时间/min	电流/mA	时间/min	电流/mA
0	4.62	40	5.84
5	4.86	45	5.47
10	5.13	50	5.24
15	5.24	55	5.02
20	5.38	60	4.62
25	5.58	65	4.35
30	5.71	70	3.93
35	5.82	75	3.47

续表 3-5

时间/min	电流/mA	时间/min	电流/mA
80	3.10	95	2.35
85	2.74	100	2.16
90	2.53		
最佳时间/min	90		

注:样品质量 2 g。

表 3-6 北衙金矿 68 线电吸附测样时间确定表

时间/min	电流/mA	时间/min	电流/mA
0	0.49	75	0.53
5	0.50	80	0.52
10	0.52	85	0.50
15	0.54	90	0.50
20	0.57	95	0.50
25	0.61	100	0.49
30	0.64	105	0.49
35	0.68	110	0.48
40	0.75	115	0.48
45	0.74	120	0.47
50	0.72	125	0.47
55	0.66	130	0.47
60	0.60	135	
65	0.57	140	
70	0.55	145	
最佳时间/min	120		

注:样品质量 5 g。

表 3-7 北衙金矿 48 线电吸附测样时间确定表

时间/min	电流/mA	时间/min	电流/mA
0	0.38	45	0.88
5	0.40	50	0.96
10	0.42	55	0.99
15	0.45	60	0.97
20	0.49	65	0.92
25	0.57	70	0.88
30	0.66	75	0.81
35	0.72	80	0.76
40	0.79	85	0.70

续表 3-7

时间/min	电流/mA	时间/min	电流/mA
90	0.64	120	0.40
95	0.56	125	0.40
100	0.49	130	0.40
105	0.46	135	
110	0.43	140	
115	0.41	145	
最佳时间/min	120		

注:样品质量 5 g。

表 3-8　水泄铜钴矿 9 线电吸附测样时间确定表

时间/min	电流/mA	时间/min	电流/mA
0	0.58	75	0.95
5	0.61	80	0.87
10	0.64	85	0.80
15	0.70	90	0.72
20	0.77	95	0.67
25	0.85	100	0.60
30	0.92	105	0.59
35	0.95	110	0.57
40	0.99	115	0.55
45	1.02	120	0.54
50	1.04	125	0.53
55	1.05	130	0.53
60	1.04	135	
65	1.03	140	
70	1.00	145	
最佳时间/min	120		

注:样品质量 5 g。

表 3-9　王河金矿 15 线 2 号点电吸附测样时间确定表

时间/min	电流/mA	时间/min	电流/mA
0	1.25	35	1.71
5	1.28	40	1.79
10	1.34	45	1.87
15	1.40	50	1.95
20	1.47	55	1.98
25	1.55	60	2.02
30	1.63	65	2.05

续表 3-9

时间/min	电流/mA	时间/min	电流/mA
70	2.03	110	1.52
75	1.99	115	1.48
80	1.91	120	1.44
85	1.84	125	1.43
90	1.78	130	1.44
95	1.71	135	1.42
100	1.65	140	1.41
105	1.59	145	1.41
最佳时间/min	120		

注:样品质量 10 g。

表 3-10　王河金矿 15 线 16 号点电吸附测样时间确定表

时间/min	电流/mA	时间/min	电流/mA
0	1.65	75	2.11
5	1.67	80	2.04
10	1.74	85	1.98
15	1.82	90	1.90
20	1.87	95	1.83
25	1.94	100	1.72
30	1.99	105	1.64
35	2.05	110	1.57
40	2.11	115	1.57
45	2.17	120	1.52
50	2.23	125	1.49
55	2.25	130	1.48
60	2.25	135	1.48
65	2.22	140	1.48
70	2.18	145	1.47
最佳时间/min	120		

注:样品质量 10 g。

表 3-11　王河金矿 0 线 8 号点电吸附测样时间确定表

时间/min	电流/mA	时间/min	电流/mA
0	1.13	20	1.48
5	1.22	25	1.46
10	1.30	30	1.64
15	1.37	35	1.73

续表 3-11

时间/min	电流/mA	时间/min	电流/mA
40	1.80	95	1.45
45	1.96	100	1.37
50	2.04	105	1.31
55	2.04	110	1.25
60	2.01	115	1.24
65	1.95	120	1.24
70	1.87	125	1.24
75	1.80	130	1.24
80	1.72	135	1.23
85	1.60	140	1.24
90	1.53	145	1.23
最佳时间/min	120		

注:样品质量 10 g。

二、室内电吸附步骤

室内电吸附的主要步骤如下:

(1) 称取样品:称取 10～20 g 样品放入特制的电吸附容器中,将容器直立使土壤样品均匀分布在容器底部。

(2) 加入助溶剂:沿容器壁缓慢的加入一定量的有助于元素保持可溶状态的助溶剂,同一批样品应保持助溶剂的加入量相同。等试剂溶液沉淀透明后备用。

(3) 加入吸附介质:将起吸附作用的吸附介质轻轻地放入已加好助溶剂的容器中,使吸附介质全部浸泡在试剂中。在操作时,每个样品的吸附介质重量应保持一致。

(4) 插入电极:将电极插入已固定在支架上的容器管内,使电极在助溶剂中保持固定的高度。

(5) 接通电源:用 10～15 V 的直流电源接通容器的两个电极,最好使用脉冲直流电源。

(6) 取出吸附介质:通电到所确定的时间后,将吸附介质取出送分析测试。

室内电吸附的重要问题是尽量保持通过样品介质的电流密度均匀,单位厘米电压适当,每次操作的条件一致和防止试样受污染。此外,吸附介质及助溶剂的选择对结果有影响,这需要根据具体情况而定。总而言之,在电吸附过程中,对同一测区的样品,各种物理-化学条件必须严格保持一致,这样所得结果才有可比性。

第三节　室内电吸附样品的分析测试

一、分析测试方法

室内电吸附样品的分析测试,可根据工作需要和实际情况采用光谱法、火焰原子吸收法或化学光谱法。光谱法的优点是效率高、成本低、再现性好，缺点是灵敏度较低；化学光谱法的优点是灵敏度高，适合痕量元素的测定。

(一) 光谱法

用 SiO_2、石墨粉、NaF 为缓冲剂，Ge、Pb、Au 为内标元素，在二米光栅摄谱仪上摄谱，能一次测定 Cu、Pb、Zn、Ag、Sn、Co、Ni、Cr、V、Ti 和 Mn 11 种元素。

(1) 标准试样：用光谱纯或优级纯试剂配成含(%)：SiO_2 68、Al_2O_3 13、Fe_2O_3 6、$CaCO_3$ 4、MgO 2、K_2CO_3 4、Na_2CO_3 3 的合成基体，在基体中加入一定量被测元素的高纯氧化物，配成主标准，再用合成基体逐级稀释，配成一系列标准试样。

(2) 缓冲剂：100 g 石墨粉，加入 100 g 内含 3 mgAu 的 SiO_2 粉，10 gNaF，0.2 g 含 5% PbO 的 SiO_2 粉，0.05 $gGeO_2$，充分研磨混匀。

(3) 仪器及工作条件：PGS-2 型二米光栅摄谱仪，光栅刻线 1302 条/mm，光栅转角 11.52°，中心波长 300.0 nm，狭缝宽 11 μm，中间光栏 9 mm×15 mm。WPF-11 型水平交流电弧发生器。电压 220 V，电流 25 A，预热 5 s，曝光 20 s。SS-2 型水平电极撒样装置，抽风压力 U 型管水柱差 10 mm，水平电极距离 5 mm。天津紫外Ⅰ型相板，A、B 显影液，20℃ 显影 3 min。蔡司Ⅱ型测量光度计，测量狭缝 25 μm，高 12 mm，P 标尺，以△P-lgC 绘制工作曲线。分析线及测定范围见表 3-12。

表 3-12　光谱法各元素的分析线及测定范围

元　素	分析线/nm	测定范围 $w_B/10^{-6}$	内 标 线
Pb	283.307 287.332	1～30 30～1000	Ge 326.949 nm
Zn	334.502 334.557	10～300 100～1000	
Ag	328.068	0.03～5	
Sn	317.502	1～100	
Co	304.401 306.182	5～50 10～1000	Au 267.559 nm
Ni	300.249 303.794	1～50 30～1000	
Cr	301.492	1～300	Pd 324.270 nm
V	310.230	10～500	
Mn	280.106 293.306	10～100 50～1000	
Cu	282.437	30～1000	
Ti	319.992 307.522	10～100 30～1000	

(4) 样品经电吸附处理后，把吸附介质在马弗炉里低温炭化，550℃ 灰化。灰分按 1∶1 与缓冲剂混匀。在上述条件下摄谱。

(二) 火焰原子吸收法(FAAS)

该方法受酸度影响较大，测定溶液的酸度应控制在 $[H^+] = 0.3～0.4$ mol/L 范围内。

试液吸入空气-乙炔火焰中，用 FAAS 法分别测定 Cu、Pb、Zn、Ni、Co、Mn、Cd 和 Fe 的吸光度，氘灯校正背景。各元素的测定范围见表 3-13。

表 3-13　火焰原子吸收法各元素的测定范围

测定元素	Cu	Pb	Zn	Fe	Co	Ni	Mn	Cd
测定范围 $w_B/10^{-6}$	0.5～500	2～500	1～300	100～12500	1～300	2～300	50～5000	0.5～50

(1) 标准配制：所用试剂均为光谱纯或优级纯。

分别称取 1.2518 g CuO 和 1.0000 g Mn，溶于 20 mL(1+1)王水中，各移入 1000 mL 容量瓶中，用水稀释至刻度，得1 mg/mL 的Cu 和 Mn 标准贮存液。

分别称取 1.0772 g PbO、1.2726 g NiO 溶于 20 mL(1+1)HNO_3 中，各转入 1000 mL 容量瓶中，用水稀释至刻度，得1 mg/mL Pb 和 Ni 的标准贮存液。

称取 1.2448 g ZnO 溶于 5 mL HCl 中，转入 1000 mL 容量瓶中，用水定容，得1 mg/mL Zn 标准贮存液。

称取 1.3620 g Co_3O_4 溶于 20 mL(1+1)HCl 中，转入 1000 mL 容量瓶中，用水定容，得 1 mg/mL Co 标准贮存液。

称取 1.1423 g CdO 溶于 20 mL(1+4)HCl 中，转入 1000 mL 容量瓶中，用水定容，得 1 mg/mL Cd 标准贮存液。

称取 1.4297 g Fe_2O_3 溶于 20 mL(1+4)HCl 中，转入 1000 mL 容量瓶中，用水定容，得 1 mg/mL Fe 标准贮存液。

Cu、Pb、Zn、Co、Ni 混合标准溶液：分别移取 50.0 mL Cu、Pb、Zn、Co、Ni 的标准贮存液于 500 mL 容量瓶中，用水定容。此溶液含 100 μg/mL Cu、Pb、Zn、Co、Ni。

移取 25.0 mL Cd 标准贮存液于 500 mL 容量瓶中，用水定容，得 50 μg/mL Cd 标准溶液。

移取 50.0 mL Fe 标准贮存液于 250 mL 容量瓶中，用水定容，得 200 μg/mL Fe 标准溶液。

(2) 仪器工作条件：WFX-1B 型原子吸收光谱仪。Cu、Pb、Zn、Ni、Co、Mn、Cd、Fe 空心阴极灯。各元素测定的仪器工作条件见表 3-14。

表 3-14　火焰原子吸收法各元素测定的仪器工作条件

分析元素	波长/nm	灯电流/mA	狭缝/mm	燃烧器高度/mm	空气压力/MPa	乙炔流量/L·min^{-1}
Cu	324.7	6	0.1	6	0.196	1.0
Pb	283.3	6	0.1	6	0.196	1.2
Zn	213.9	6	0.1	6	0.196	1.2
Ni	232.0	6	0.1	6	0.196	1.2
Co	240.7	6	0.1	6	0.196	1.2
Mn	279.5,403.0	6	0.1	6	0.196	1.0
Cd	228.8	6	0.1	6	0.196	1.2
Fe	248.3	6	0.1	6	0.196	1.2

(3) 工作曲线的绘制：分别移取计算量的 Cu、Pb、Zn、Ni、Co、Mn、Cd 和 Fe 的标准溶液，用 HCl(1+24)稀释配制下列标准系列：

1) 0、1.0、2.0、4.0、6.0、8.0、10.0 μg/mL Cu、Pb、Zn、Ni、Co 混合溶液；

2) 0、1.0、2.0、4.0、8.0、10.0、20.0、30.0、40.0、50.0 μg/mL Mn 溶液；

3) 0、0.1、0.2、0.3、0.4、0.5 μg/mL Cd 溶液；

4) 0、5.0、10.0、20.0、30.0、40.0、50.0 μg/mL Fe 溶液。

标准系列与试样溶液同批测定，分别绘制各测定元素的工作曲线。

(4) 样品经电吸附处理后，把吸附介质炭化、灰化。将灰分溶于 2 mL(1+1)HCl 中，冷却后移入 25 mL 比色管中，用水稀释至刻度，澄清。按表 3-14 的仪器工作条件将试液吸入空气-乙炔火焰中，分别测定 Cu、Pb、Zn、Ni、Co、Mn、Cd 和 Fe 的吸光度，同时进行空白试验。按下式计算试样中各元素的含量：

$$w_B/10^{-6} = \frac{(\rho_{B2} - \rho_{B1}) \cdot V_s}{m_s}$$

式中 ρ_{B2}——工作曲线上查得试液中被测元素的质量浓度，μg/mL；

ρ_{B1}——工作曲线上查得空白试液中被测元素的质量浓度，μg/mL；

V_s——试样溶液的总体积，mL；

m_s——称取试样的质量，g。

(三) 化学光谱法

用 $BaSO_4$ 和炭粉为缓冲剂，在二米光栅摄谱仪上摄谱，能同时测定 Cu、Pb、Zn、Ag、Sn、Co、Ni、Cr、V、Ti 和 Mn 11 种元素。

(1) 标准溶液：用各元素的光谱纯或优级纯氧化物或金属配成 1 mg/mL 的标准贮存液。移取 Co、Cu、Zn、V 各 100 mL；Pb、Sn、Ni、Cr、Ti 各 10 mL；Mn、Ag 各 1 mL 于 1000 mL 容量瓶中，用(1+9)王水稀释至刻度。此溶液含 Co、Cu、Zn、V100 μg/mL；Pb、Sn、Ni、Cr、Ti10 μg/mL；Mn、Ag1 μg/mL。再用(1+9)的王水逐级稀释，配成分析用的一系列标准溶液。

(2) 标准工作曲线绘制：吸取上述质量浓度系列的标准溶液 1 mL，滴在处理过的棉花上，在马弗炉里低温炭化，550℃灰化。同样品摄谱绘制工作曲线。

(3) 仪器及工作条件：PGS-2 二米平面光栅摄谱仪，光栅刻线 1302 条/mm，光栅转角 11.26°，中心波长 300.0 nm，狭缝宽 25 μm，狭缝高 1 mm，中间光栏 9 mm×15mm。WPF-20 型直流电弧发生器，直流电弧 13 A、曝光 12 s。下电极 ϕ2.0 mm×1.0 mm×0.5 mm，上电极圆柱形。天津紫外Ⅰ型感光板，A、B 显影液，18℃ 显影 5 min。东德 MD-100 型测微光度计，测量狭缝 25 μm，高 12 mm，S 标尺，以△S-lgC 绘制工作曲线。各元素的分析线及测定范围见表 3-15。

表 3-15 化学光谱法各元素分析线及测定范围

元 素	分析线/nm	测定范围 $w_B/10^{-6}$	元 素	分析线/nm	测定范围 $w_B/10^{-6}$
Mn	280.106	0.01～100	Ti	307.52	0.1～500
Cu	282.437 301.084	1～500 500～5000	V	310.23	1～500
Pb	283.307 287.332	0.1～100 100～5000	Sn	317.502 333.059	0.1～100 100～1000
Ni	300.25 303.79	0.1～100 100～1000	Ag	328.068	0.01～50
Cr	301.492 297.548	0.1～500 500～5000	Zn	334.502 334.557	1～100 100～5000
Co	304.401 306.182	1～500 500～1000			

(4) 缓冲剂:$BaSO_4$:炭粉=1:1 研磨混匀。

(5) 样品经电吸附处理后,把吸附介质炭化、灰化,灰分装入电极,压紧,再装入 1 mg 缓冲剂,1 mg 石墨粉,压紧。在上述工作条件下摄谱。测定各元素的分析线及线旁背景。

二、分析测试质量的监控方法

样品分析测试质量的好坏决定了所获得数据的可靠性和可利用性。为了确保分析质量,参照原地质矿产部发布的《土壤地球化学测量规范》,除实验室按规定加插一定量的管理样和密码抽查样外,送样单位按总样品数的 5% 加入密码抽查样,密码抽查样的分析误差(%)计算公式如下:

$$RE/10^{-2}=\frac{|c_1-c_2|}{(c_1+c_2)/2}\times 100$$

式中,c_1 和 c_2 分别为同一样品的两次分析结果。

当测定结果小于 3 倍检出限含量,$RE\leqslant 67\%$;大于 3 倍检出限含量,$RE\leqslant 50\%$时,样品分析合格。当分析样品总合格率$\geqslant 80\%$时,则样品分析质量合格。

第四节　背景值、异常下限、异常浓度分带的确定

一、背景值的确定

背景值的确定是化探工作的一个重要环节,它对圈定异常及异常解释具有很重要的作用。背景值的确定有多种方法,下面介绍电吸附找矿工作中两种较常用的方法。

如果在一个地区只开展一些剖面性工作,此时,可采用最简单的目视法来确定背景值和异常下限。该方法是用一条通过已知矿体并延长到无矿化地段的长剖面上,在无矿化地段的含量起伏的中间部位及起伏最大幅度上目估地作两条直线(图 3-1),分别代表背景值和异常下限,在未知区的剖面上也可依此类推。该方法简单,在开展剖面性的电吸附找矿有效性试验或剖面性找矿工作时常常应用,但需要经验。该方法只适应于矿区化探的局部工作。

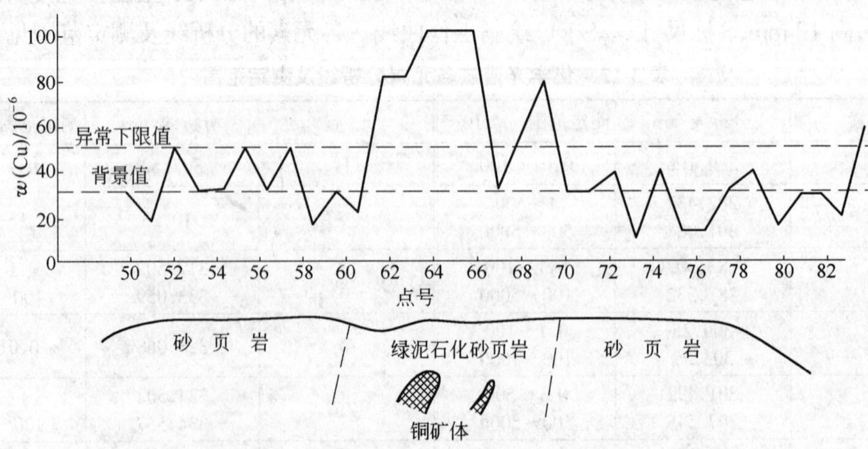

图 3-1　根据地球化学剖面目估确定背景值和异常下限

(据阮天健等,1985)

如果是开展面积性的找矿工作，则可采用计算法求出背景值。目前，由于电子计算机已广泛应用，所以常常利用整个测区的全部样品，包括背景样品和异常样品的分析数据，采用计算法求出背景值。理论和实践证明，经历单一地质、地球化学作用过程的地质体，其元素分布形式服从正态分布；而经历多次地质、地球化学作用过程的地质体，可导致一些元素局部富集或分散，或元素的多次叠加，造成元素含量值离散度较大，往往不服从正态分布，而是出现偏态分布或多峰分布。在这种情况下，通常可采用对离散度较大的数据具有较强适应性的概率分布迭代统计法和剔后直方图法求背景值。概率分布检验的迭代统计是先假定所求指标服从正态分布，根据密度函数 $f(x)$ 求出平均值($\bar{x}$)和标准偏差(s)：

$$f(x)=\frac{1}{s\sqrt{2\pi}}\mathrm{e}^{-(x_i-\bar{x})^2/2s^2}$$

$$\bar{x}=\frac{1}{n}\sum_{i=1}^{n}x_i$$

$$s=\sqrt{\frac{1}{n-1}\sum_{i=1}^{n}(x_i-\bar{x})^2}$$

上述计算后，采用偏度、峰度检验法进行正态检验。偏度为 R_1，峰度为 R_2，即：

$$R_1=\left[\frac{1}{n}\sum_{i=1}^{n}f_i(x_i-\bar{x})^3\right]/s^3$$

$$R_2=\left[\frac{1}{n}\sum_{i=1}^{n}f_i(x_i-\bar{x})^4\right]/s^4-3$$

式中　f_i——各指标含量统计组的频数；

x_i——某指标的含量值；

$\bar{x}$——某指标的平均值；

s——标准偏差；

n——统计样品数。

若指标含量分布曲线为正态分布，在 0.05 的信度条件下，偏度 $R_1 \leqslant \pm 2\sqrt{6/n}$，峰度 $R_2 \leqslant \pm 2\sqrt{24/n}$，若 R_1、R_2 任一统计量超过临界值，则不属于正态分布。

按上述计算与检验方法，便可进行迭代统计。统计过程分三步进行，一是计算平均值和标准偏差；二是用偏度、峰度法检验数据是否服从正态分布，如果服从正态分布，迭代统计结束；三是经检验不服从正态分布时，按平均值加(减)2 倍标准偏差，自动删除特高(低)值。然后再重复上述迭代计算，直到保留数据服从正态分布为止。

迭代统计结束后，计算机自动打出最后保留数据的频数分布直方图(剔后直方图)和根据该直方图求出的背景值(C_o)和标准偏差(s)。

整个计算过程全部由计算机自动完成，快速方便，很有实用意义。

二、异常下限的确定

按照常规化探方法，异常下限的确定公式为：

$$C_a=C_o+ns$$

式中　C_a——异常下限；

C_o——背景值；

s——标准偏差;

n——常数,一般选 1～3 之间。

因电吸附法所测定的元素属于活动态组分,即部分提取,其浓度一般较低,浓度梯度变化很小即使是矿体引起的异常,其衬度值也不太高,因此 n 值不能取得太高,通过我们多年的实践,n 值一般取 1 为宜。

三、异常浓度分带的确定

为了简单明了的了解元素异常的发育形态和强弱变化特点及浓集部位,在平面图上圈定化探异常时常用外、中、内 3 个浓度带来表示。异常浓度分带的确定,要根据元素的浓度变化范围和变化梯度选择不同的方法,通常有下列几种方法:(1)当异常含量值很高,例如常规化探寻找金属矿时,常见到金属元素含量变化达几个数量级,此时,异常浓度分带可采用几何倍数法来确定,即以异常下限的 1、2、4 倍或 1、4、8 倍或 1、8、16 倍分别作为异常的外、中、内带的下限;(2)当异常值高低相差相对不太大时,可采用算术倍数法来确定,即以异常下限的 1、2、3 倍分别作为异常的外、中、内带的下限;(3)当异常浓度高低相差较小时,则采用等差法来确定,设异常下限为 C_a,等差值为 A,则异常外带为$\geqslant C_a$,中带为$\geqslant C_a + A$,内带为$\geqslant C_a + 2A$。

因电吸附法测得的元素浓度一般都较低,浓度梯度变化很小,所以通常采用等差法来确定异常的外、中、内带。

由于电吸附异常衬度值一般都不太高。为了提高异常的清晰度和消除个别元素的分析误差及干扰异常,在圈定异常时可采用累乘晕的衬度值来表示。具体做法是首先对所测定元素进行相关分析,把相关性较密切的一组元素含量进行相乘,然后除以各元素背景值的乘积,即得出累乘晕的衬度值。对于一些背景含量相对较低的微量元素,如 Au、Ag 等,其含量一般比其他微量元素如 Cu、Pb、Zn 等要低 2～4 个数量级,为了使其在累乘晕中的贡献与其他元素相同,在进行累乘之前应对其数据进行一定的处理,如乘以 100 或 1000 等,使其含量级次提高到与其他元素相同或相近,然后再进行累乘。化探工作的目的是找矿,上述数据处理不会改变元素异常反映的实质,而是更科学地增强地球化学找矿的信息。

第四章　电吸附找矿法在已知矿床上的试验效果

检验一种找矿新方法的有效性，在已知矿床（体）上进行试验是最直接、最直观的途径。这不仅是判断所试验方法在那些类型矿床上方有无异常反映，而且是总结所研究的方法在不同类型矿床上异常发育规律、异常发育特征和异常模式的基础，同时还是确定该方法适用范围的依据。因此，我们选择试验的矿床，不仅有不同类型覆盖物覆盖条件下的不同成因和不同成矿类型的金属矿床，包括金矿、铜矿、铅锌矿、锡矿，而且还有非金属矿床——油气藏。通过试验，都不同程度地获得了较为理想的效果，下面列举一些找矿试验的实例。

第一节　电吸附找矿法在金属矿床上的试验效果

一、在铜矿上的试验效果

（一）云南水泄铜钴矿

水泄铜钴矿床有40余个矿体，主要受断裂破碎带或层间破碎带控制，矿体呈大脉状、细脉状、透镜状和似层状产出。单矿体一般长50～200 m，最长者可超过1000 m，厚度一般为1～12.68 m，平均厚度为6.84 m，最大厚度可达31.80 m，矿体延深100～250 m，矿石平均品位为：Cu 1.48%，Co 0.054%。矿石矿物以砷黝铜矿为主，其次为黝铜矿、黄铜矿、辉铜矿，其他金属矿物还有黄铁矿、毒砂和少量方铅矿、闪锌矿、辉锑矿等。在该区选择小团山和马帮河两个矿段进行试验。

1．小团山矿段9线

该地段铜钴矿体主要产于上三叠统麦初箐组细砂岩、砂质泥岩夹泥灰岩的断裂破碎带中。地表土壤层相对较发育，薄处为几十厘米，厚处一般为几米，最厚处达20 m左右。从图4-1可见，不管是在土壤层较薄的东部矿带，还是在土壤层厚达20 m左右的中、西部矿带，电吸附法测定的Cu、Ag、Pb、Zn 4个元素都在三个矿带上方，即1～3号点、8～10号点和12～13号点之间出现非常清晰的三个独立的异常，而且各元素异常形态相似，分布位置一致；而常规化探光谱分析测定的Cu、Pb、Zn、Ag仅在土壤层较薄的东部矿带上方出现异常，在覆土较厚的中、西部矿带均无异常反映。这充分表明，电吸附法对于寻找覆土较厚的掩埋矿比常规化探具有更好的效果。

2．马帮河矿段

马帮河矿段以蚀变破碎带矿化类型为主，矿体产于中侏罗统花开左组下段紫红色泥岩夹薄层细砂岩中，试验剖面被数米或数十米厚的第四系土层覆盖，属掩埋矿。

从电吸附法试验结果（图4-2）可见，在3个矿化蚀变带上方出现清晰的Cu、Pb、Zn、Ag异常峰，异常很准确地反映掩埋矿带的赋存部位。另外，剖面西端还出现一个Cu、Pb、Zn、

Ag 异常峰，推断可能有另一掩埋矿体存在。

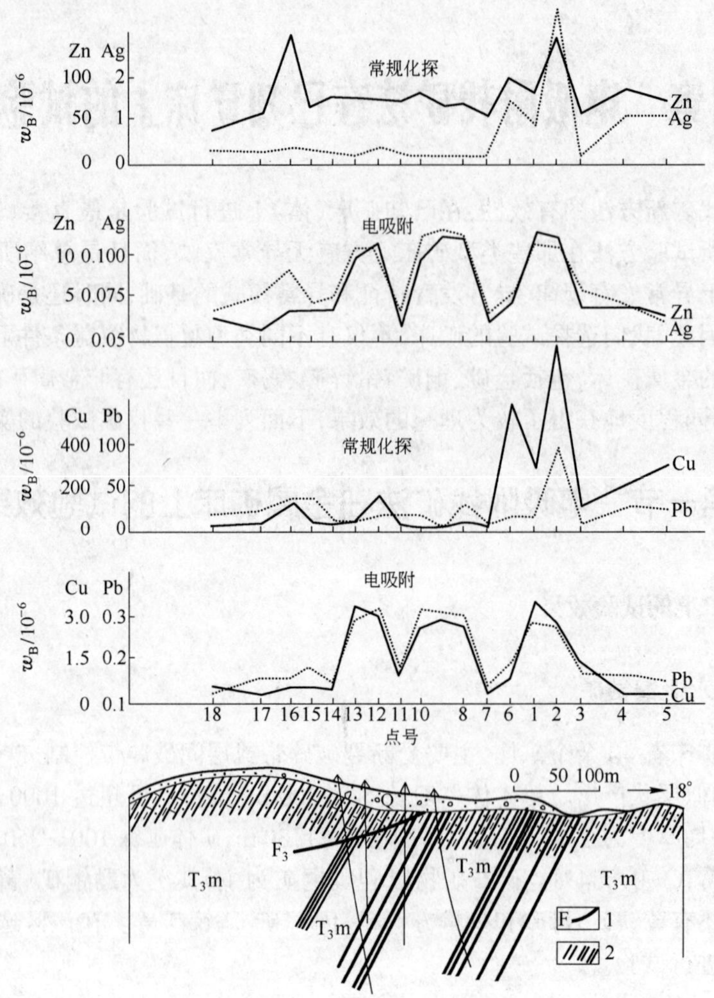

图 4-1　水泄铜钴矿区小团山矿段 9 线土壤元素含量曲线图

Q—第四系覆土；T_3m—上三叠统麦初箐组细砂岩、砂质泥岩夹泥灰岩；1—断层；2—铜矿体

（二）云南大红山铜矿

大红山铜矿区位于昆阳裂谷南段西部裂谷边缘带，主要地层由早元古界被动大陆边缘裂谷型的变质火山岩系大红山群所组成。其西南为红河断裂所切割，与哀牢山变质岩系呈构造接触，其北面与东面均为中生界三叠系地层大片覆盖。地表土壤覆盖层较薄，植被发育。

铜矿体产于曼岗河组上部的黑云角闪片岩夹变质凝灰岩中，其次为产于次火山岩大红山岩体与围岩的接触带石榴黑云绿泥片岩中。矿床具有明显的层控和火山岩岩控的双重控矿特征。矿体呈层状、似层状，局部呈透镜状。矿体埋深 200～800 m，属典型的盲矿床。矿石结构构造反映既有喷流沉积特征，又有后期热液交代特征。矿石成分复杂，主要金属矿物以黄铜矿、磁铁矿为主，黄铁矿、赤铁矿、菱铁矿、斑铜矿次之，少量铜蓝、钛铁矿、辉钼矿、辉钴矿、辉铜矿、磁黄铁矿、方铅矿、闪锌矿、金银矿等。

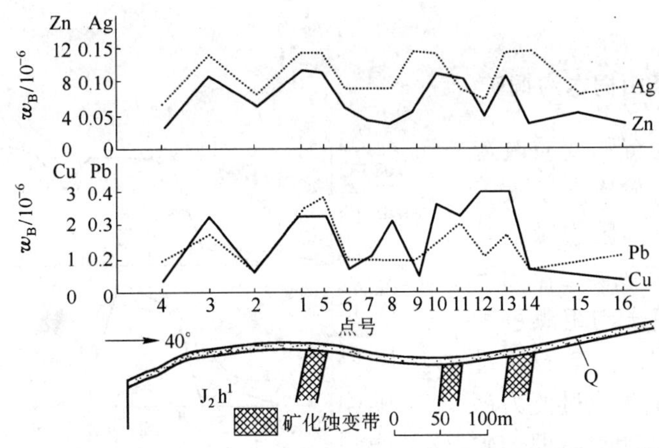

图 4-2 水泄铜钴矿区马帮河矿段土壤电吸附异常剖面图

Q—第四系覆土；J_2h^1—中侏罗统花开左组下段泥岩夹薄层细砂岩

在矿区 32 线上采集 25 件土壤样品，从电吸附试验结果(图 4-3)可见，在盲矿带正上方的 4～22 号点之间出现很清晰很宽阔连续性很好的 Cu、Pb、Zn、Ag 异常，在 16～18 号点之间钠长辉绿岩分布地段，各元素异常稍为低些，其两侧铜、铁盲矿体分布地段异常相对增强，离开盲矿带，各指标马上降为背景含量。该试验剖面充分显示，电吸附异常能准确地反映深埋藏盲矿体群的分布范围。

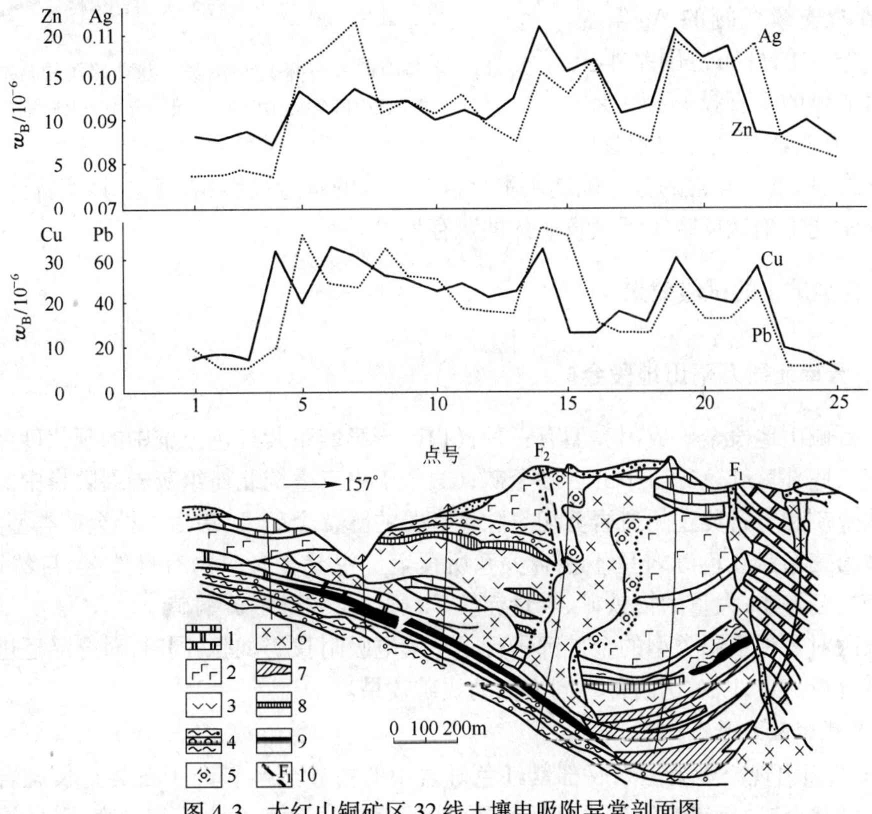

图 4-3 大红山铜矿区 32 线土壤电吸附异常剖面图

1—白云石大理岩；2—变细碧质熔岩；3—变角斑质熔岩；4—石榴绿泥片岩；5—钠化褪色带；6—钠长辉绿岩；7—富铁矿体；8—贫铁铜矿体；9—铜矿体；10—压扭性断层及编号

(三) 山西中条山桐木沟铜矿

桐木沟铜矿为沉积变质改造型铜(金、钴)矿床,矿床产于太古代至元古代的中条大陆边缘三联裂谷构造环境中,其赋矿层位为下元古界中条山群篦子沟组黑色片岩,矿体愈靠近该片岩,矿石质量愈好,当黑色片岩消失或过渡为钙质云母片岩时,矿化明显减弱。矿体在空间上呈缓倾斜似层状延伸,上覆余家山组,盖层厚达 650～700 m,为一典型的深埋藏盲矿床。

选择 18 线进行电吸附找矿试验。由于该处矿体埋藏很深,约为 600 m,常规化探在地表上无异常反映,而用电吸附测量法,则出现一个很清晰连续宽阔的 Ag 异常(图 4-4),异常的分布范围基本上与深部盲矿体的垂直投影相一致;Cu、Pb、Zn 在盲矿体上方出现强弱不等的异常,但整个异常的分布范围基本上也与矿体的垂直投影相一致。该实例充分表明,电吸附异常能准确地反映深埋藏盲矿体的赋存地段。

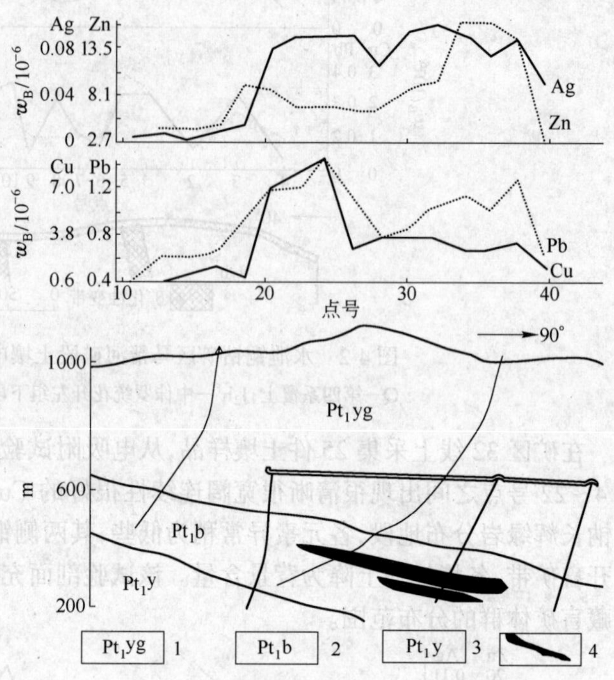

图 4-4 中条山桐木沟铜矿区 18 线土壤电吸附异常剖面图

1—下元古界中条山群余家山组;2—下元古界中条山群篦子沟组;3—下元古界中条山群余元下组;4—铜矿体

二、在金矿上的试验效果

(一) 云南北衙万硐山地段金矿

北衙万硐山地段金矿成因类型有三种:(1)产于第四系紫红色土壤中的现代砂金矿;(2)产于第三系底部紫红色砾岩中的古砂金矿;(3)产于中三叠统北衙组灰岩裂隙带中的远成热液型脉状金矿和与石英正长斑岩剪切裂隙带有关的脉状金矿,以最后一种金矿类型为主,该类矿体被第三系紫红色砾岩呈不整合关系所覆盖。主要金属矿物有自然金、自然银、方铅矿、白铅矿、菱锌矿、大量的褐铁矿、少量赤铁矿、黄铁矿和微量黄铜矿。

在该区对三种不同类型的金矿都进行了土壤电吸附找矿试验,同时,对样品还进行常规化探光谱分析测定,以对比两种不同方法的找矿效果。

1. 68 线试验效果

68 线剖面出现产于第三系底部紫红色砾岩中的古砂金矿和产于石英正长斑岩剪切裂隙带中的脉状金矿,后者被第三系地层所覆盖,属盲矿。地表土壤不甚发育,采样深度一般为 20～30 cm。

由图 4-5 可见，在盲矿脉前缘上方 2～11 号点之间出现清晰的连续性较好的电吸附 Cu、Ag 异常；在 5～11 号点之间出现清晰的连续性较好的 Pb、Zn 异常，这两个元素的异常不但与 Cu、Ag 异常吻合，而且异常更为宽阔些。

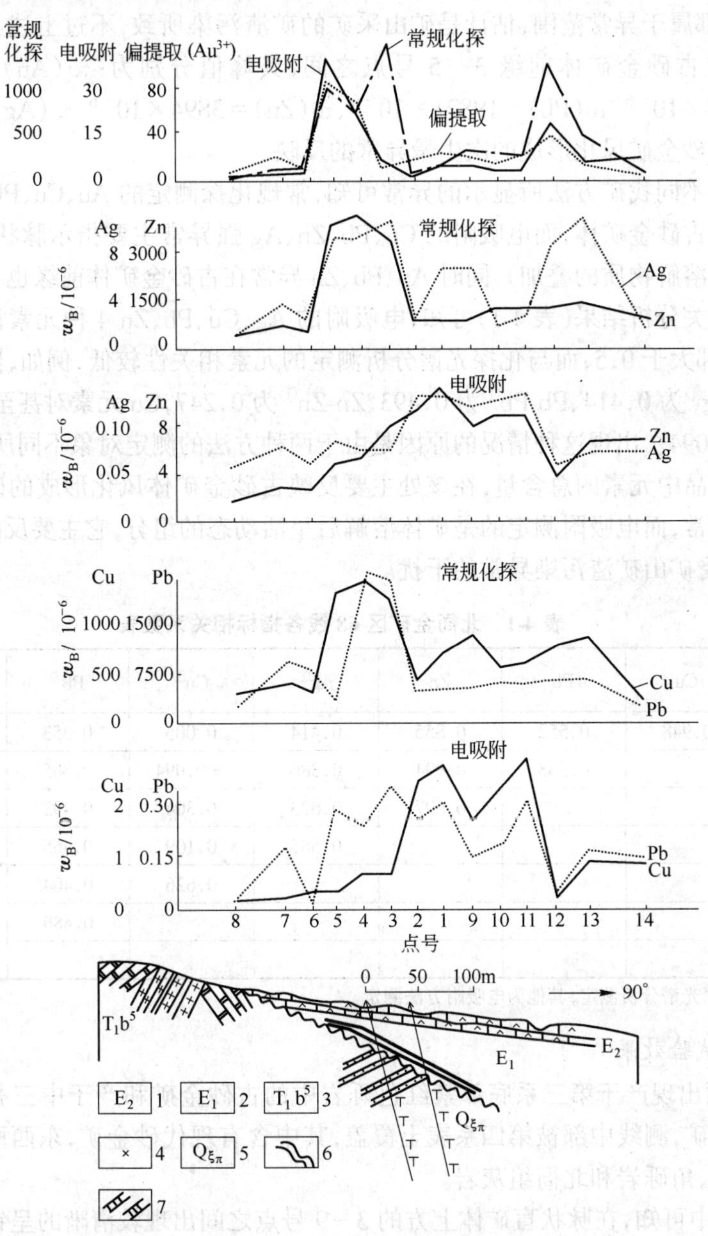

图 4-5　北衙金矿区 68 线土壤元素含量曲线图

1—第三系丽江组上段灰岩、角砾岩；2—第三系丽江组下段紫红色砾岩；3—中三叠统北衙组五段白云质砂屑灰岩；4—煌斑岩；5—石英正长斑岩；6—古砂金矿；7—金矿体

从 Au 含量曲线看，常规化探、偏提取和电吸附法测定的 Au 都在古砂金矿体的前缘出现明显的异常峰；从整个剖面上看，3 种不同找矿方法所测定的 Au 含量曲线高低变化趋势

大体相同，但电吸附 Au 异常与偏提取 Au^{3+} 异常的含量曲线高低变化更为吻合，表明电吸附的 Au 可能就是呈活动态的 Au^{3+}。

从常规化探光谱分析测定结果来看，该线地表所有的样品中 Au、Cu、Zn、Pb、Ag 含量都很高，基本上都属于异常范围，估计是矿山采矿的矿渣污染所致，不过上述元素的高强度异常主要出现在古砂金矿体前缘 3～5 号点之间，其峰值分别为：$w(Au)=1560\times10^{-9}$、$w(Cu)=1257\times10^{-6}$、$w(Pb)=19871\times10^{-6}$、$w(Zn)=3894\times10^{-6}$、$w(Ag)=11\times10^{-6}$，该异常可能是古砂金矿风化形成的次生晕异常的反映。

对比上述不同找矿方法所显示的异常可知，常规化探测定的 Au、Cu、Pb、Zn、Ag 高强度异常主要反映古砂金矿体，而电吸附的 Cu、Pb、Zn、Ag 强异常主要指示脉状盲矿体（也可能有古砂金矿体溶解物质的叠加），同时 Au、Pb、Zn 异常在古砂金矿体前缘也有所反映。从该线各指标的相关分析结果（表 4-1）可知，电吸附的 Ag、Cu、Pb、Zn 4 种元素彼此之间的相关系数都较高，都大于 0.5，而与化探光谱分析测定的元素相关性较低，例如，同一元素对的相关系数：Ag-Ag① 为 0.414、Pb-Pb① 为 0.493、Zn-Zn① 为 0.247，Cu 元素对甚至出现负相关，相关系数为 -0.094。出现这种情况的原因是由于两种方法的测定对象不同所造成的，光谱分析测定的是样品中元素的总含量，在该处主要反映古砂金矿体风化形成的碎屑异常和矿山矿渣的污染异常，而电吸附测定的是矿体溶解后呈活动态的组分，它主要反映盲矿体引起的后生异常，不受矿山矿渣污染异常的干扰。

表 4-1　北衙金矿区 68 线各指标相关系数表

组分＼组分	Cu	Pb	Zn	Ag①	Cu①	Pb①	Zn①
Ag	0.948	0.552	0.855	0.414	0.005	0.353	0.150
Cu		0.538	0.894	0.386	-0.094	0.305	0.027
Pb			0.697	0.623	0.304	0.493	0.476
Zn				0.585	0.109	0.465	0.247
Ag①					0.626	0.404	0.670
Cu①						0.480	0.453
Pb①							0.285

① 为常规化探光谱分析测定，其他为电吸附方法测定。

2．48 线试验效果

48 线剖面出现产于第三系底部紫红色砾岩中的古砂金矿和产于中三叠统北衙组裂隙带中的脉状金矿，测线中部被第四系表土覆盖，其中含有现代砂金矿，东西两侧分别出露丽江组上段灰岩、角砾岩和北衙组灰岩。

从图 4-6 中可知，在脉状盲矿体上方的 3～9 号点之间出现较清晰的呈锯齿状的电吸附 Cu、Pb 异常和较连续的 Ag、Zn 异常及 Au 的不连续点异常，而常规化探测定的元素在此地段几乎无异常显示。此电吸附元素异常可能是古砂金矿体和脉状盲矿体的综合反映，而不是现代砂金矿引起的，因为在 13、1、2 号点处的现代砂金矿分布地段多数元素都没有异常出现。另外在 15 号点附近的断裂矿化破碎带上常规化探测定的 Cu、Ag、Zn、Au 和电吸附的 Cu、Ag、Zn、Au 都有异常显示，这表明电吸附异常在反映浅埋藏破碎带型金矿体上的效果与常规化探是一样的。

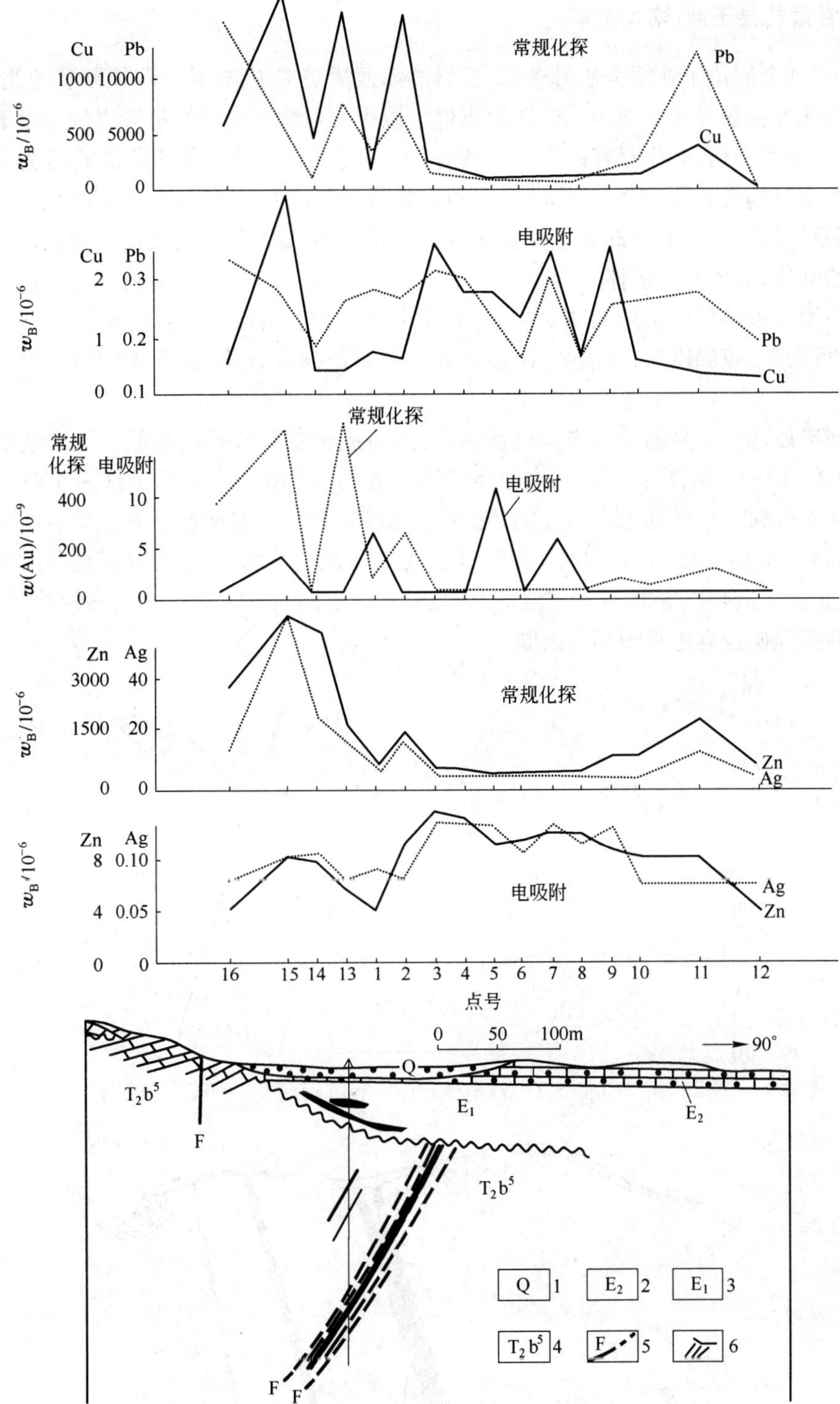

图 4-6 北衙金矿区 48 线土壤元素含量曲线图

1—第四系；2—第三系丽江组上段灰岩、角砾岩；3—第三系丽江组下段紫红色砾岩；
4—中三叠统北衙组五段白云质砂屑灰岩；5—断层及推测断层；6—金矿体

（二）甘肃礼县王河、李坝金矿

王河、李坝金矿位于礼岷金矿带东部，西秦岭海西褶皱带中，礼县—罗坝断裂的北部，在中川花岗岩体外接触带变质圈内。矿区出露地层以中泥盆统舒家坝组第二岩性段第五层为主，并与金矿关系密切，矿化对容矿岩石岩性有一定的选择性，最有利的容矿岩石为斑点板岩。成矿作用严格受断裂控制，矿体的产状和容矿断裂总体上一致，倾向上切割地层。矿体形态、规模及贫富随容矿断裂的变化而变化，在多组断裂的交汇处或断裂产状变化出现相对较大空间的部位，形成富厚矿体。

成矿类型为破碎带低温热液蚀变岩型，主要金属矿物有黄铁矿、毒砂、黄铜矿、闪锌矿、方铅矿、磁黄铁矿、硫锑铅矿、自然金、银金矿等。脉石矿物有石英、长石、绿泥石、绢云母和高岭石等。

在王河矿段选择 0 号勘探线作为试验剖面，剖面地表主要被第四系黄土及残坡积物覆盖，厚度约 2～10 m。从图 4-7 可见，在三条矿脉上方的 5～10 号点之间出现一个较宽阔的 Ag 异常，在 5 号和 8 号点处出现明显的 Au 异常峰，Cu、Pb、Zn 在矿脉上方也均有明显的异常出现。另外，在 13～15 号点处也出现 Cu、Pb、Ag、Au 组合异常，该异常是否由另一未知矿体引起，还是 42 号、43 号矿体延深部位的反映还不详。总而言之，该试验剖面说明，被较厚黄土覆盖的掩埋矿也有电吸附异常反映。

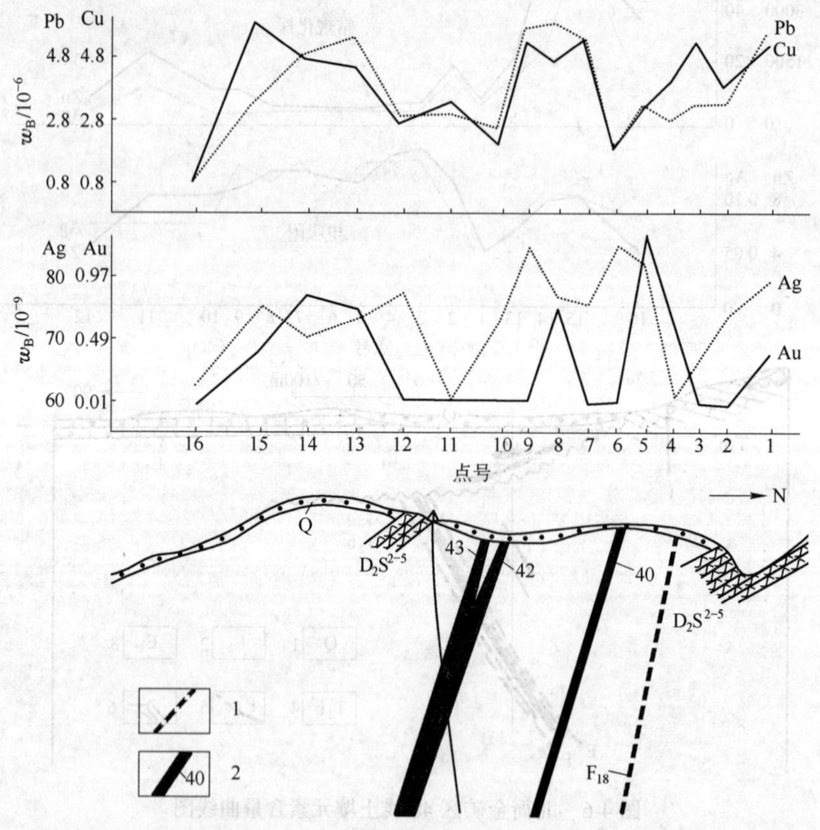

图 4-7 王河矿区 0 号勘探线土壤电吸附异常剖面图

Q—第四系黄土；D_2S^{2-5}—中泥盆统舒家坝组第二岩性段第五层；1—断层；2—金矿体及编号

另外，在该矿区的李坝矿段还进行了坑道岩石样品电吸附试验，从试验结果(图 4-8)可见，在矿体上及其周围即 1～5 号点之间出现清晰的 Au、Ag、Pb、Zn 异常，并且体现出矿体的上盘晕比下盘晕发育一些，矿体上的异常强度比上盘晕强度相对弱些，说明电吸附异常与矿体溶解物质的扩散作用有关。

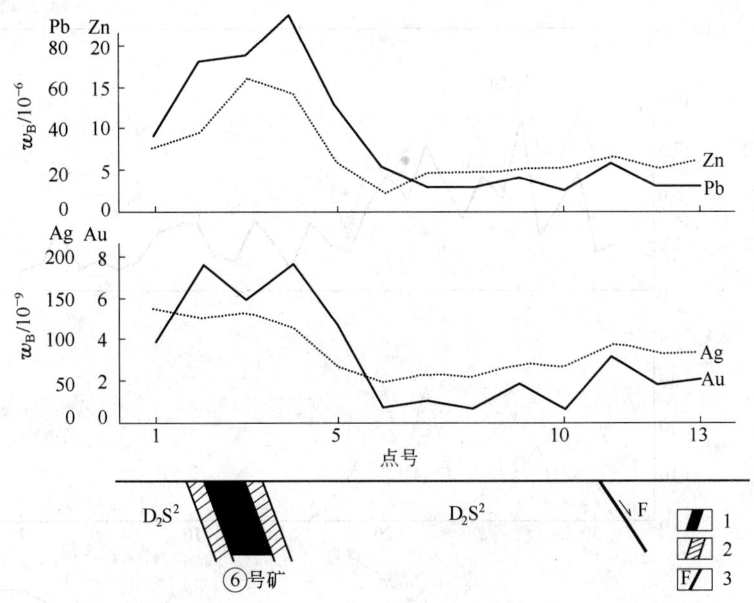

图 4-8 李坝金矿区预探坑道岩石电吸附异常剖面图

D_2S^2—中泥盆统舒家坝组第二岩性段；1—金矿体；2—矿化蚀变带；3—断层

(三) 福建大洞坑金矿

大洞坑金矿属于岩浆期后热液型金矿床。矿体产于燕山晚期花岗斑岩中，金矿化受断裂构造控制，矿体形态简单，呈板状和脉状。矿脉围岩顶底板均为蚀变花岗斑岩，具有较强的硅化、黄铁矿化、绿泥石化、叶蜡石化等蚀变现象；蚀变围岩厚 5～20 m 不等，其中以硅化、中细粒黄铁矿化蚀变与金矿化关系较为密切。金属矿物以黄铁矿为主，是最主要的载金矿物，见少量黄铜矿、方铅矿、闪锌矿，非金属矿物以长石、石英为主。

试验剖面表土为残坡积物，厚度 0.5 m 左右，金矿体呈板状，厚度约 3 m，近出露地表。从图 4-9 可见，在 19～30 号点之间出现宽阔的呈锯齿状的 Au、Cu、Pb、Zn、Ag 组合异常，其中在 19～22 号点之间，Au 异常较强，该处正好是②号金矿脉通过的部位，无疑，此处的异常为该金矿脉引起。值得注意的是在山沟西侧，即 23 号点以西，山坡逐渐增高，该地段的元素异常不可能是由②号金矿体上方的土壤滑动侧移引起，而可能是由另外的未知金矿化体引起。

(四) 河北后沟金矿

后沟金矿属于蚀变岩型金矿床。矿体产于二长岩与桑干群变质岩的接触带中，围岩蚀变有钾化、硅化、绢云母化等。金属矿物主要有黄铁矿、黄铜矿、辉铜矿、斑铜矿、方铅矿、闪锌矿和自然金等。矿体被数米厚的黄土及残坡积物覆盖，常规化探未发现元素异常。

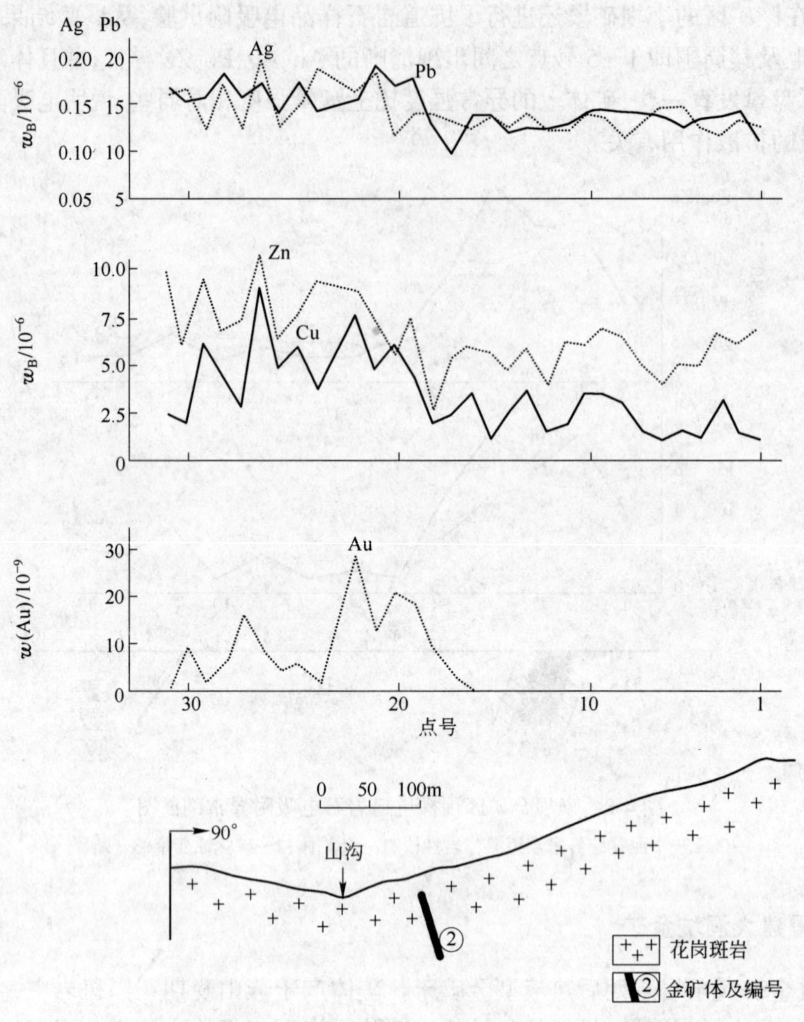

图 4-9 大洞坑金矿区 D1 线土壤电吸附异常剖面图

选择 0 线已知剖面进行试验,结果在矿体上方及下坡方向出现较清晰的 Au、Cu、Pb、Zn 组合异常(图 4-10)。异常在下坡方向稍为发育,这是异常往下坡方向位移的现象。

三、在铅锌矿上的试验效果

(一) 湖南水口山康家湾铅锌金银矿

水口山康家湾铅锌金银矿是一个层间破碎硅化角砾岩热液交代充填型铅锌金银矿床,规模为特大型。主矿体产于康家湾隐伏倒转背斜(Ⅲ级)与矿田 F_1 推覆断层相切割的二叠系当冲组硅质岩、泥灰岩,栖霞组灰岩的层间硅化破碎带中,尤以下部含燧石硅化灰岩角砾岩与矿化最为密切。全区共发现大小矿体 56 个,其中主矿体 7 个。矿体走向长 300~1500 m,厚度 3~10 m,形态多呈透镜状、似层状。主要金属矿物有方铅矿、闪锌矿、黄铁矿、含金黄铁矿、自然金、辉银矿、深红银矿、银黝铜矿和自然银等。矿体被白垩系及侏罗系砂、页岩所覆盖,埋深 200~500 m,为典型的盲矿床。地表为低缓丘陵景观,第四系土层发育,常规化探没有异常显示。

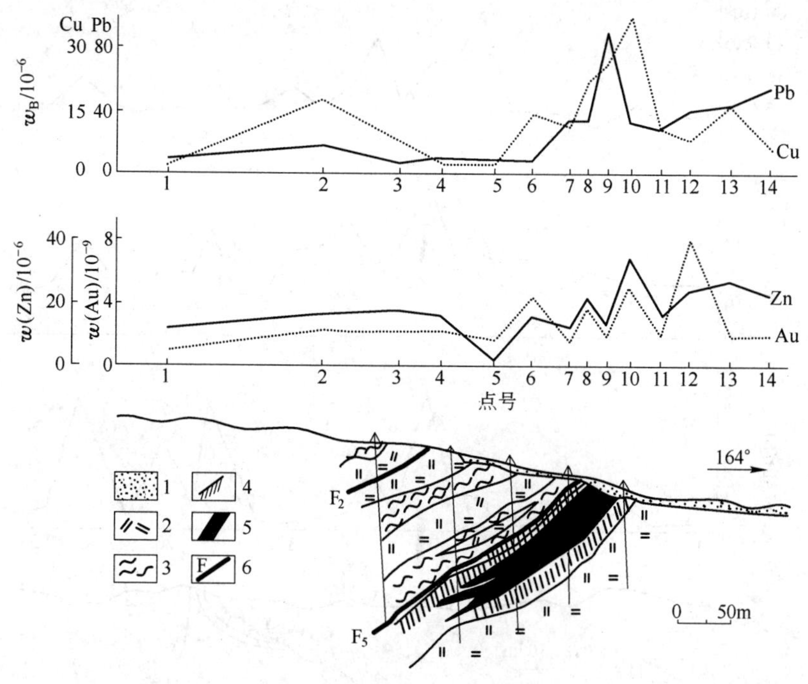

图 4-10 后沟金矿区 0 线土壤电吸附异常剖面图

1—第四系黄土及残坡积物;2—二长岩;3—桑干群变质岩;4—钾质蚀变岩;5—金矿体;6—断层

图 4-11 为 113 线土壤电吸附异常剖面图,从图中可见,深部盲矿体群在地表的垂直投影 8～15 号点之间出现较清晰的连续性较好的 Pb、Zn、Cu、Au 异常;另外在断层处的 18 号和 23 号点处也有较强的 Au 异常和较弱的 Pb、Zn、Cu 异常显示;Ag 异常与上述元素异常稍有不同,在整个盲矿带上方和断层之间出现连续性很好的宽阔异常。从上述元素异常与盲矿体群的空间关系不难看出,异常是深部盲矿体群的反映;断层是成矿流体的有利通道,也是成矿后矿体溶解物质运移的有利通道,因此,在断层上出现元素异常也是常见的现象。

(二) 河南银洞沟铅锌银矿

银洞沟矿区位于栾川县城西北的石庙乡庄科村三岔—银洞沟一带。矿区位于三川—栾川陷褶断带之黄背岭—石宝沟背斜东段南翼至近核部,断裂构造极其发育,特别是 NWW、NW 向断裂尤为明显,具有延伸长、规模大、分布密集等特点。该组断裂构造,特别是旁侧次一级断裂以及 NE 向断裂构造和层间破碎带是主要含矿构造。区内岩浆活动频繁而强烈,主要岩浆岩有前加里东期变辉长岩和燕山期二长花岗岩。矿区内仅出露大红口组(Pt_3d)地层,主要岩性为变质粗面岩夹变质火山碎屑岩、火山沉积岩及白云石大理岩。

矿区共发现 7 条矿脉,其中的 S01 矿脉走向 NW—SE,倾向 47°,倾角 41°,长度 1200 m,厚度 0.5～2.9 m,控制最大斜深 400 m。矿体多呈似层状或透镜状狭缩膨大形式出现。经地质勘查,在 S01 矿脉底板不远处发现 S896 盲矿体,目前控制长度 530 余米,斜深 60 m,厚度 3～6 m,矿体与围岩界线清楚。金属矿物主要为黄铁矿、方铅矿、闪锌矿,次为黄铜矿,围岩为块状白云石大理岩,蚀变弱,仅发育有弱硅化和黄铁矿化。

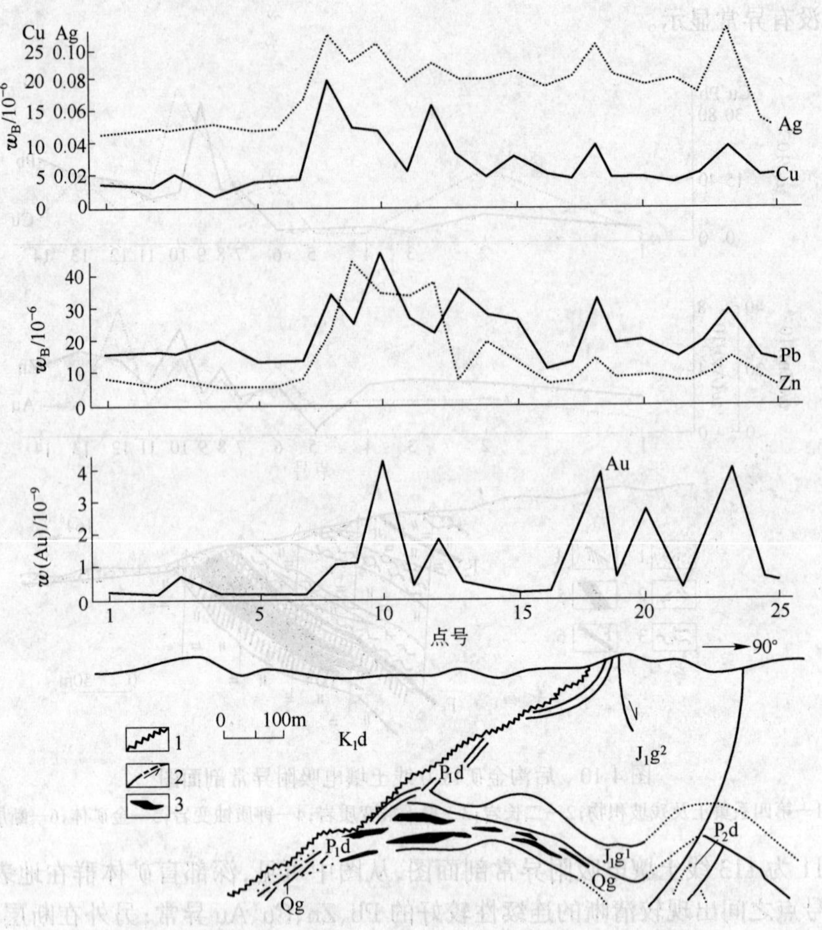

图 4-11 康家湾铅锌金银矿区 113 线土壤电吸附异常剖面图

1—不整合界线；2—断层及推测断层；3—铅锌银金矿体；K_1d—白垩系下统东井组；J_1g^1—侏罗系下统高家田组一段；J_1g^2—侏罗系下统高家田组二段；P_1d—二叠系下统当冲组；P_2d—二叠系上统斗岭组；Qg—硅化破碎带

2003 年与河南地质调查院洛阳分院合作，在矿区 S01 和 S896 已知矿体上方采集一条剖面的土壤样品，同时进行电吸附法测试和常规化探光谱分析测试。

从图 4-12 中可看出，在 5～15 号点之间出现了强度不太高的电吸附 Cu、Pb、Zn、Ag 组合异常，该组合异常基本上分布在 S01 矿体垂直投影的正上方，据此推测，该异常可能是 S01 号矿体中下部位的反映。另外，在 20～23 号点之间也出现一个比较吻合的电吸附 Cu、Pb、Zn、Ag 异常，该异常分布在 S896 盲矿体的正上方、S01 矿体露头的下坡处，可能是 S896 盲矿体所形成的后生异常与 S01 矿体露头风化形成的次生晕异常的综合反映。

从常规化探光谱分析结果上看，在 19～26 号点之间出现较强的 Ag、Pb 异常和较弱的 Cu、Zn 异常，该异常分布于 S01 矿体露头及下坡处，为 S01 矿体出露地表经风化形成的次生晕异常的反映。

从上述可知，常规化探异常主要反映露头矿，电吸附异常主要反映深部矿。

（三）云南会泽麒麟厂铅锌矿

麒麟厂矿床位于雨碌构造带的东北部，赋矿围岩为下石炭统摆佐组结晶白云岩，属沉积—改造型层控铅锌矿床，规模大型。矿床上部为氧化矿体，下部为硫化物矿体。主矿体6号矿体呈透镜状，埋深达600多米，为一典型的盲矿体。主要原生矿物有黄铁矿、方铅矿、闪锌矿，少量毒砂、灰硫锑铅矿、灰硫砷铅矿、辉银矿、辉锑银矿；氧化矿物有铅铁矾、白铅矿、硅锌矿、菱锌矿、铅矾、孔雀石、砷铅矿、磷氯铅矿和少量褐铁矿。脉石矿物有白云石、方解石、石英、石膏等。

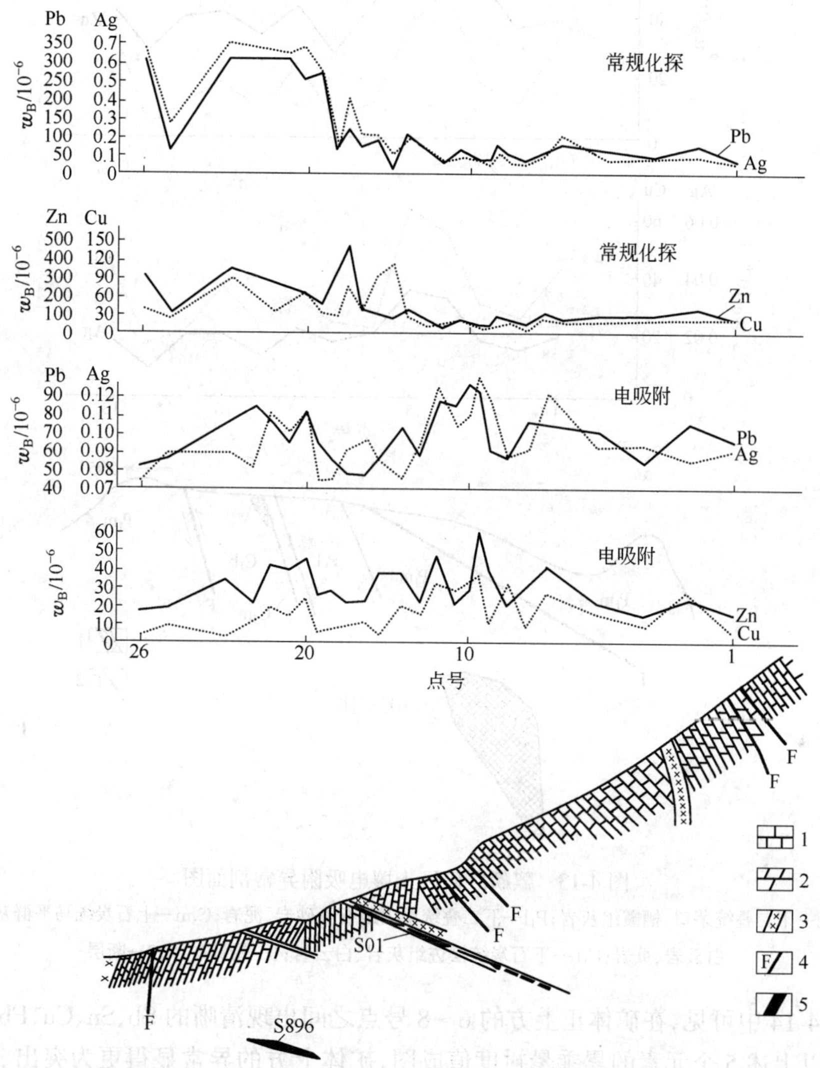

图4-12 银洞沟矿区S01及S896矿体试验剖面土壤元素含量曲线图

1—大理岩；2—白云岩；3—辉绿岩；4—断层；5—矿体

试验剖面通过主矿体6号盲矿体和出露地表的小矿体，采样点距为20 m。从试验剖面(图4-13)可见，在6号盲矿体上方的3～5号点之间出现较清晰的Cu、Pb、Zn、Ag组合异常，小矿体可能太小，没有异常显示。该试验剖面表明，电吸附异常能较准确地反映盲矿体的赋存部位。

(四) 安徽铜陵严冲地区洞湛涝铅锌矿

洞湛涝沿锌矿属远成低温热液型铅锌矿点，试验剖面铅锌矿体呈脉状赋存于中三叠统南陵湖组(T_2n)灰岩中,矿体产出受断裂构造控制,矿脉走向190°,倾向280°,倾角70°,脉厚约1.5 m。金属矿物主要有方铅矿、闪锌矿、黄铁矿等。表土为残坡积物,厚约1 m左右。

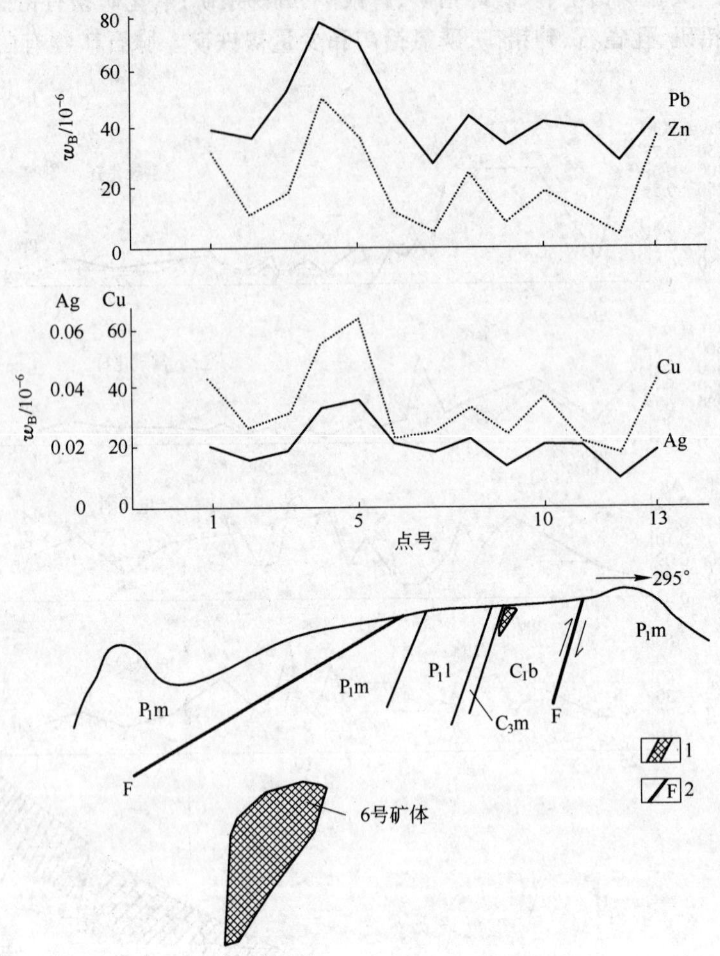

图 4-13 麒麟厂矿区土壤电吸附异常剖面图

P_1m—下二叠统茅口、栖霞组灰岩;P_1l—下二叠统梁山组石英砂岩、泥岩;C_3m—上石炭统马平群灰岩、白云岩、页岩;C_1b—下石炭统摆佐组灰岩、白云岩;1—铅锌矿体;2—断层

从图4-14中可见,在矿体正上方的6~8号点之间出现清晰的Sb、Sn、Cu、Pb、Zn、Ag组合异常。以上述5个元素的累乘晕衬度值成图,矿体上方的异常显得更为突出、明显,其峰值达69。

四、在锡矿上的试验效果

以广西大厂长坡锡矿床为例子。大厂锡矿是一个以锡石硫化物矿床为主体的超大型多金属矿田,矿田中产出多种多样类型的矿床,包括锡石硫化物矿床、矽卡岩型锌铜矿床、白钨矿床、黑钨矿床、锑钨矿床、铅锌矿床、铅锌锑矿床、砷矿床、汞矿床等。各种原生矿床均产于泥盆系碳酸盐岩和硅质岩地层中。成矿作用主要与燕山期黑云母花岗岩株有关,矿床具有明显的水平分带现象,从平面上看,以龙箱盖黑云母花岗岩体为中心,岩体内部局部有钼矿化，向外依次发育有铜锌矽卡岩矿床→白钨矿床→黑钨矿床→锡石硫化物矿床→铅锌锑矿床等，最外围是雄黄、雌黄矿床或辰砂矿床。矿田具有成矿物质多来源、成矿期多阶段、矿床类型多样化、成矿温度变化大等特征。金属矿物组合复杂，主要有锡石、铁闪锌矿、黄铁矿、磁黄铁矿、毒砂、脆硫锑铅矿、辉锑矿、黄铜矿、方铅矿、白钨矿、黑钨矿、雄黄、雌黄、辰砂及含银矿物等。矿田主要有长坡、铜坑、巴力、龙头山、拉么等多个锡石—硫化物多金属、锑矿床。

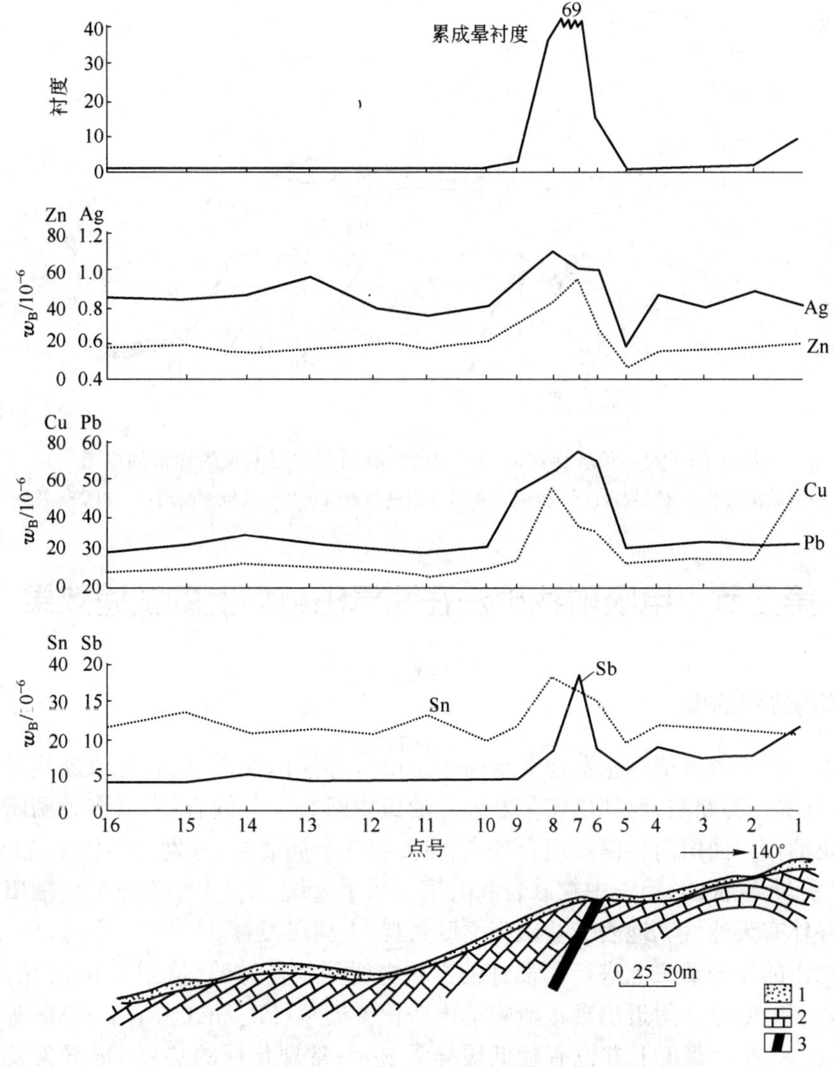

图 4-14　洞湛涝铅锌矿点土壤电吸附异常剖面图

1—表土；2—灰岩；3—铅锌矿体

长坡矿床位于大厂矿田的西部，工业矿体主要赋存于倒转背斜东翼的泥盆系地层中。在 405 中段南巷西侧，采集岩石样品进行电吸附找矿试验，结果在①号已知矿体上出现很清晰的 Zn、Pb、Sn、Sb 异常(图 4-15)。另外，在 14～19 号点之间还出现更强的宽度更大的 Zn、Pb、Sn、Sb 异常，由于采样剖面所限，异常不完整，往右侧方向还有一定的延伸；据此异常特征，推测深部有更大的矿体存在。后经矿山坑道验证，果然发现比①号矿体更厚大的层状矿体。这说明,岩石电吸附找矿法在坑道中寻找盲矿也是有效的。

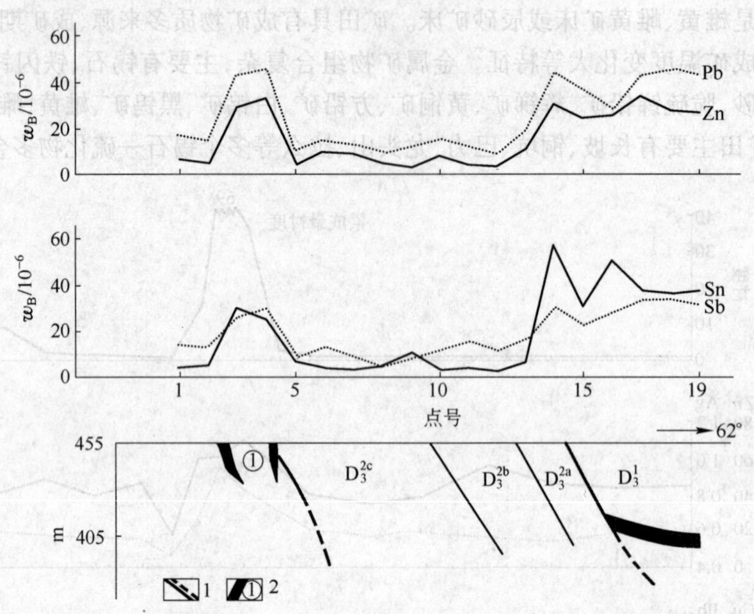

图 4-15 大厂长坡锡矿区 405 中段南巷西侧岩石电吸附异常剖面图

D_3^2—上泥盆统五指山组灰岩;D_3^1—上泥盆统榴江组硅质岩;1—断层及推测断层;2—锡矿体及编号

第二节 电吸附找矿法在油气田(藏)上的试验效果

一、青海冷湖油田

冷湖油田位于青海柴达木盆地北缘阿尔金山与祁连山交汇处,属北缘断块带的二级构造单元,东邻赛什腾断陷,西邻昆特依断陷。油田内断裂十分发育,具有多种圈闭控制形成的复杂小块油藏。油田内生储盖组合齐全,主要有 3 套储油层,分别为中侏罗统(J_2)含砾砂岩、下第三系渐新统(E_3)粗—中粒砂岩和上第三系下新统(N_1)中细粒砂岩。油田以产轻质原油为主并伴有天然气。地表为盐碱壳戈壁景观,土壤层发育。

在该油田的 4 号油藏上进行剖面性的土壤电吸附找矿试验,从图 4-16 可见,在油藏边缘的 10 号点和 30 号点附近出现很清晰的电吸附 Co、Ni、Pb、Zn、Cr、V、Cu、Mo 等元素的异常峰,Cr、Co、Ni 在油藏正上方也有较低缓异常显示;常规化探的热释 Hg 异常发育特点与以上相似,而甲烷(C_1)异常却与上不同,其高值异常出现在油藏的正上方。据此剖面各指标异常的发育特点推测,在平面上,电吸附元素异常可能呈环带状围绕油藏的边缘分布,而 C_1 可能在油藏正上方呈面状顶部晕出现。

二、大港油田羊三木油田

羊三木油田位于河北省黄骅市羊三木村南,属于黄骅坳陷羊三木潜山二级构造带的局部构造,总体为被断层切割的穹窿构造,油藏类型为断块构造油藏。油藏埋深为 1300~3000 m,主要产于第三系储油层。地貌景观为第四系河流冲积平原,土壤层发育。

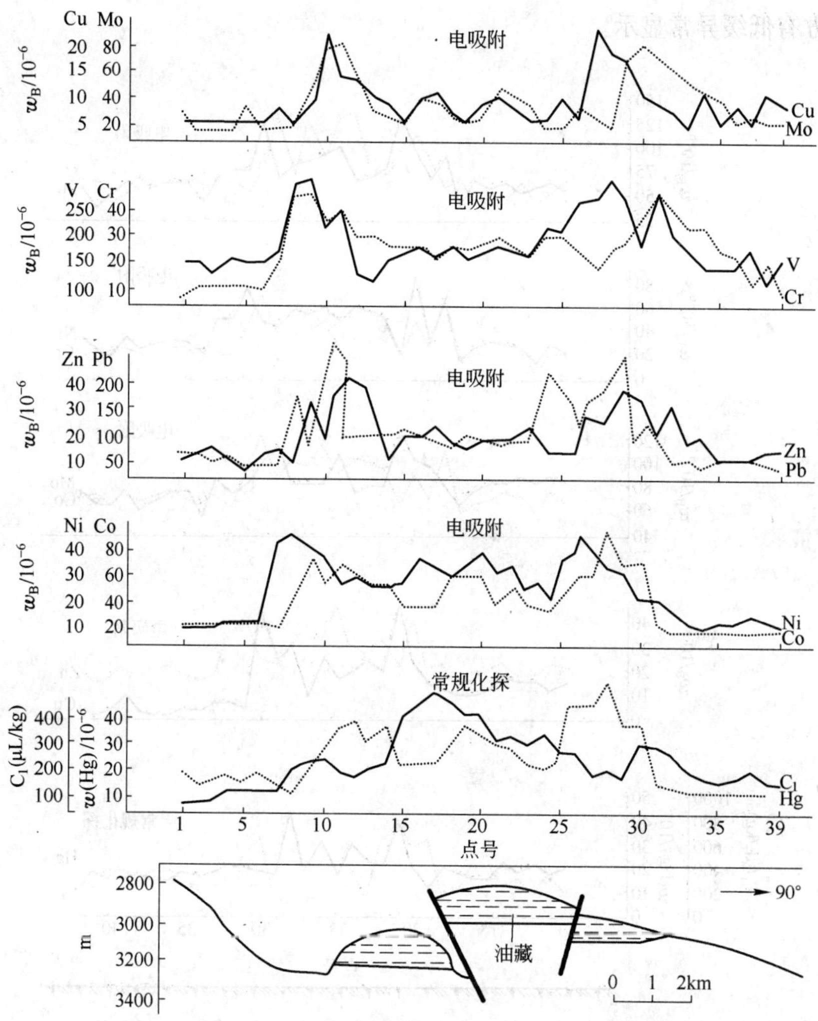

图 4-16　冷湖油田 4 号油藏土壤地球化学异常剖面图

电吸附试验剖面南北向穿过羊三木油田，从图 4-17 中可见，在油田上方的 20～30 号点之间，出现呈锯齿状的电吸附 Cu、Zn、Mo、Co、Cr、Ni、Pb、V 等元素的异常，多数元素的相对高异常点主要出现在油田的边缘附近。常规化探 C_1 异常的发育特点与以上类似，不过异常范围相对小些；Hg 异常与上稍有不同，异常主要出现在油田边缘附近，油田正上方没有异常显示。

三、大港油田刘官庄油气藏

刘官庄油气藏位于羊二庄断层带上，主要含油层系为上第三系明化镇组和馆陶组，储油构造为依附于羊二庄断层的断鼻圈闭，油藏类型为构造油藏。油藏埋深为 1300～1800 m，油质重。地貌景观为第四系冲积平原。

从电吸附试验剖面(图 4-18)可见，在油气藏上方出现明显的 Co、Ni、Cr、Mo、V、Zn、Mn、Cu、Pb 兔耳状双峰异常，左异常峰位于 47 号点附近，右异常峰位于 54 号点附近，与油气藏边缘的垂直投影基本一致，两异常峰之间的范围基本反映油气藏的分布范围；有的指标在油气藏正上方有低缓异常显示。

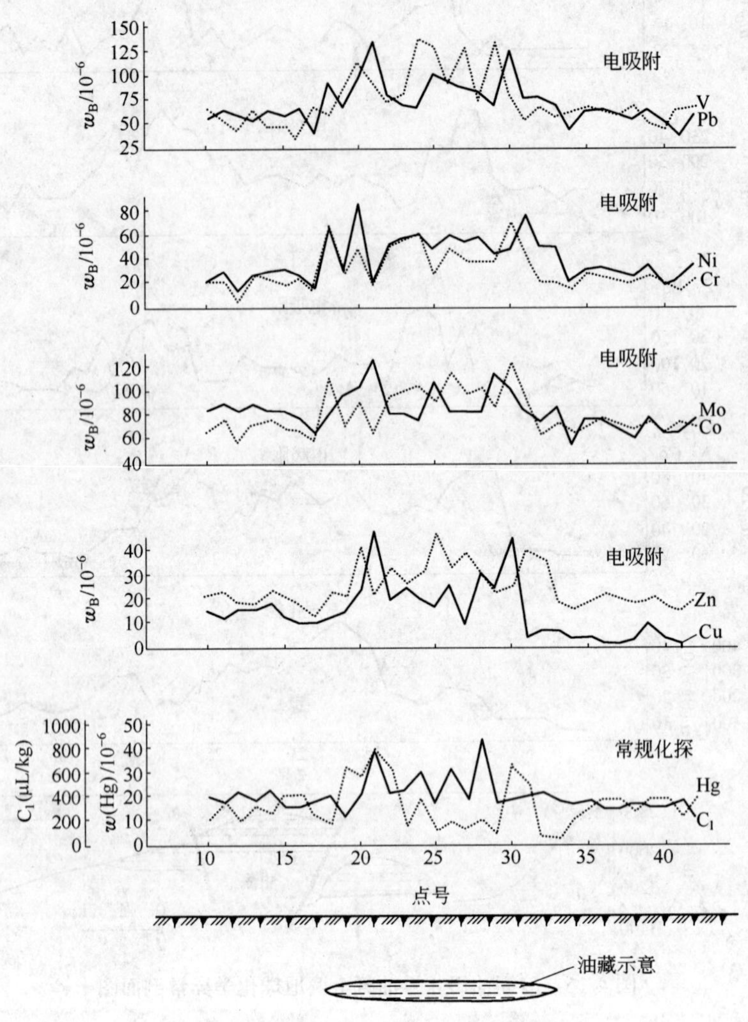

图 4-17　羊三木油田土壤地球化学异常剖面图

四、大港油田王徐庄油田

王徐庄油田位于南大港农场北部，属南大港断层附属构造隆起，油藏类型为断块构造油藏。

从图 4-19 可见，在油藏上方的 48～56 号点之间，出现清晰的呈锯齿状的电吸附 Cu、Pb、Co、Cr、V、Ni、Mo、Mn、Zn 异常，多数元素的异常高峰值位于油藏边缘的 48 号和 56 号点上或附近。常规化探的热释 Hg 和 C_1 异常也具有类似特点。

五、沧州东油气藏

沧州东油气藏位于沧州市东边，在地质构造上位于黄骅坳陷与沧县隆起的过渡地带，油气产层为下第三系沙河街组，属断块油气藏。

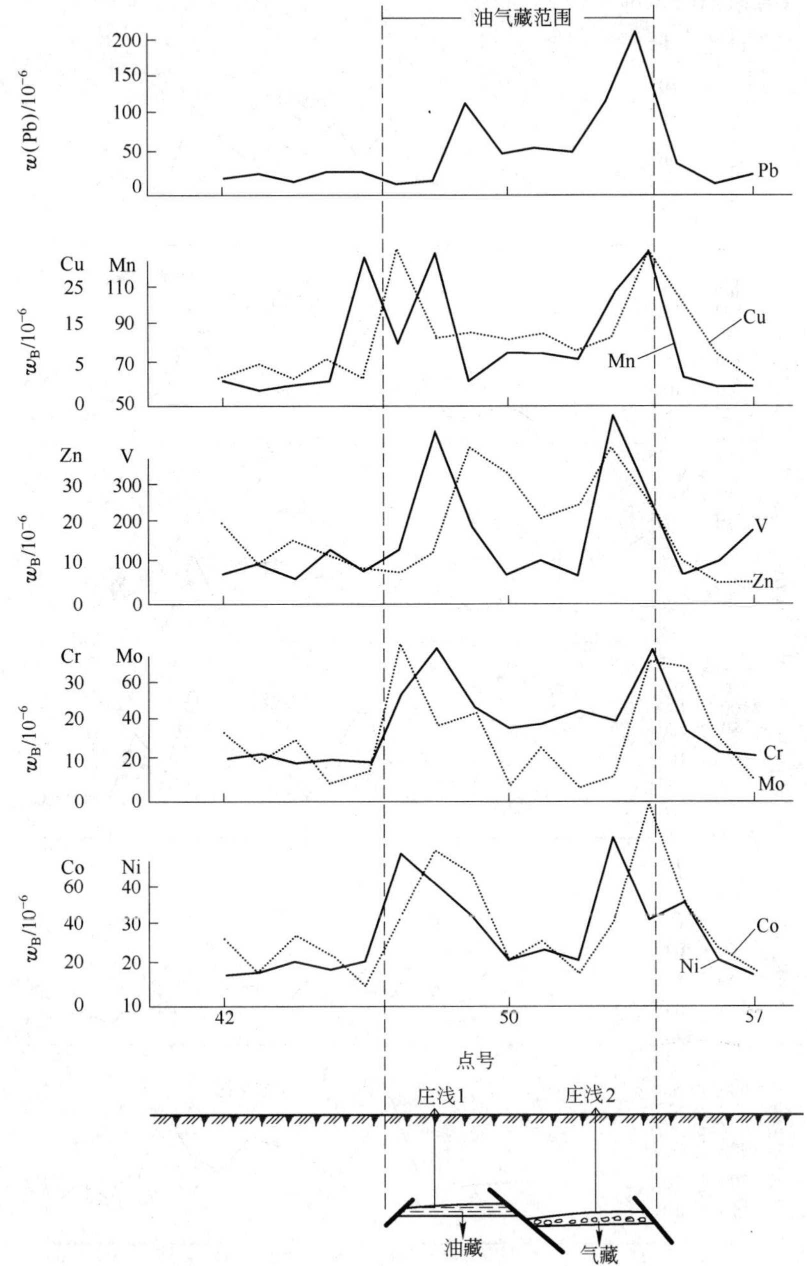

图 4-18　刘官庄油气藏土壤电吸附异常剖面图

从图 4-20、图 4-21 可明显看出，常规化探指标 C_1(甲烷)、C_2(乙烷)、C_3(丙烷)、土壤后生碳酸盐(△C)、Fe^{2+}、电导率(κ)异常形态相似，分布位置基本吻合，主要呈断续环带状，围绕油气藏周边分布，由于受测区范围所限，东北方向异常环带未封闭；有的指标在油气藏正上方出现小面积的块状顶部晕异常；Hg 异常不太发育，只有几个零星块状异常出现，难以形成环带，与烃类等指标吻合性较差。电吸附 Cr、Cu、Mn、Ni、Pb、Sn、Ti、V 等元素异常较发育，异常形态相似，分布位置基本吻合，均呈面状异常分布于上述指标环带异常中间，即油气藏的正上方,具有典型的顶部晕特征。

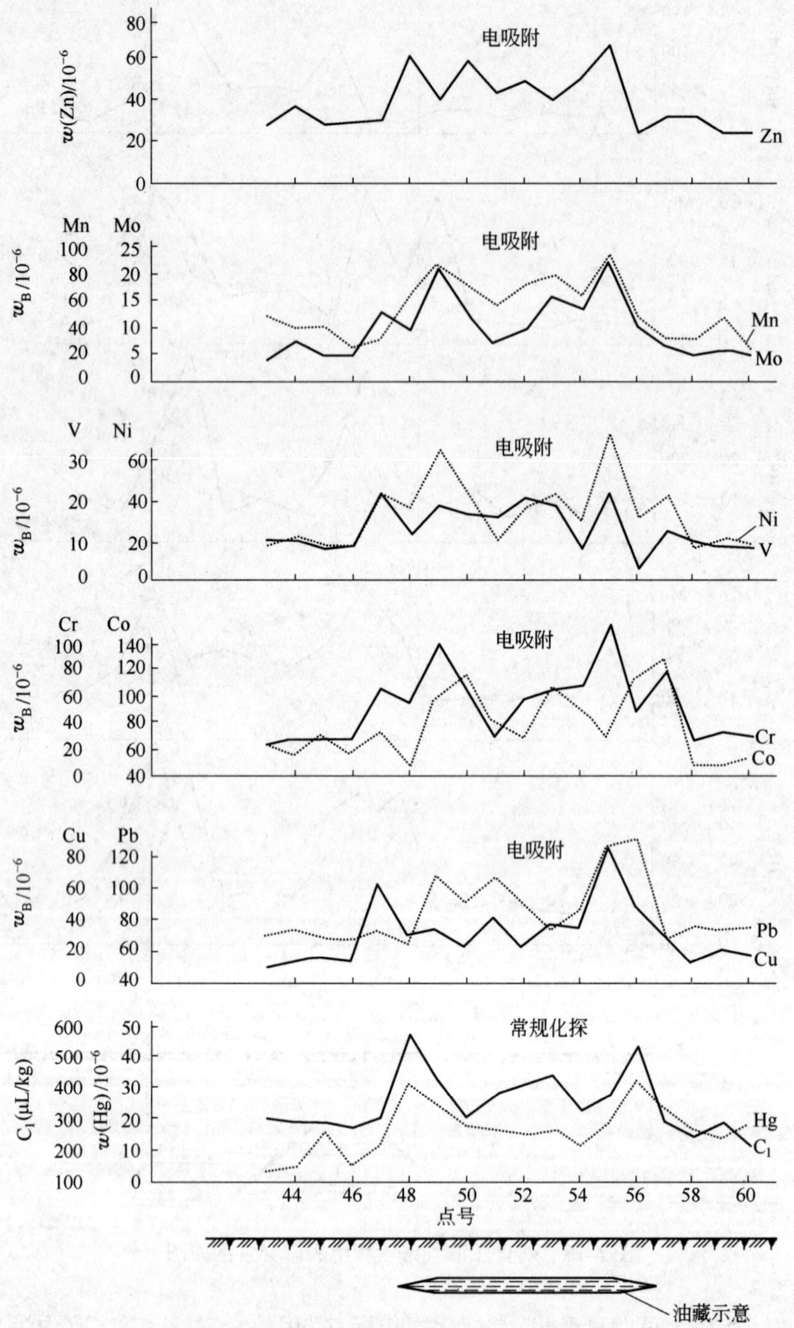

图 4-19 王徐庄油田土壤地球化学异常剖面图

从图 4-21 可清楚地看出,该油气藏展现了以常规化探指标(以烃类为代表)的环带晕镶嵌电吸附指标(以 Cu 为代表)的面状顶部晕的异常结构。电吸附 Cu 面状主异常分布范围与油气藏的分布范围基本吻合,沧 2 号井正好位于电吸附 Cu 异常上。

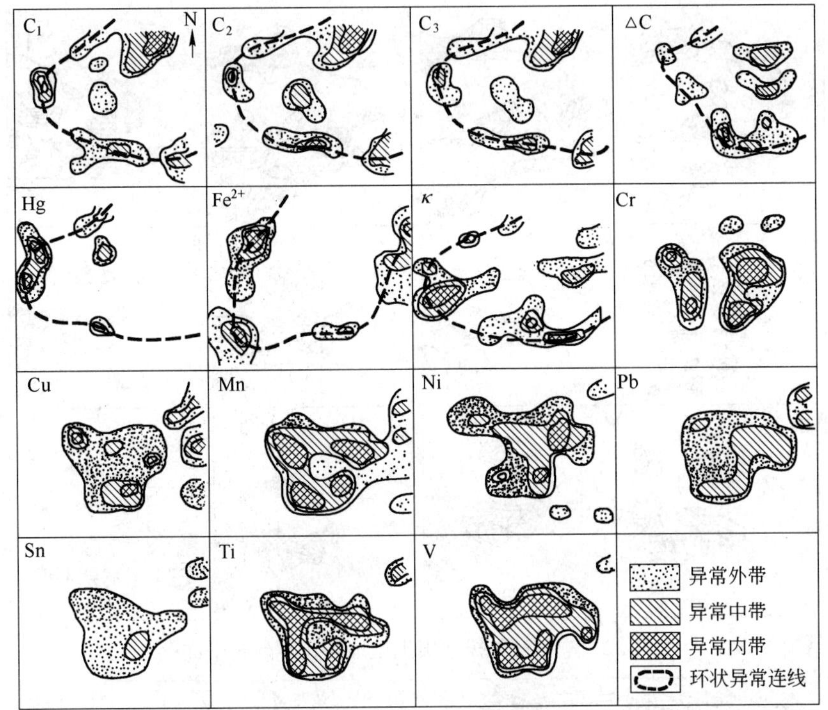

图 4-20　沧州东油气藏土壤地球化学异常平面图

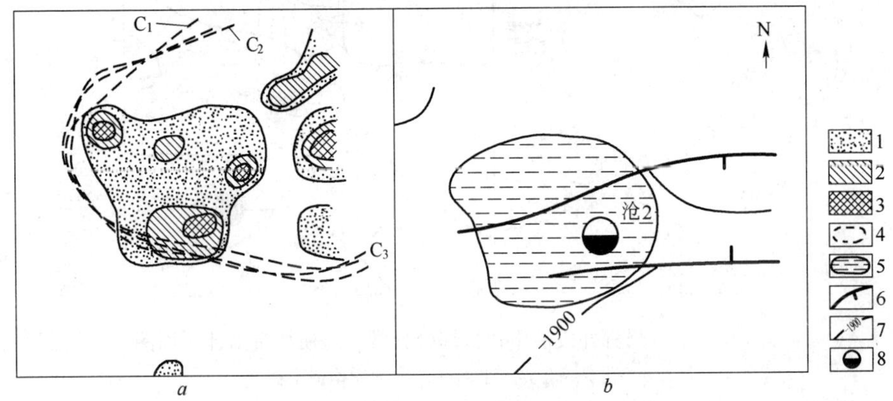

图 4-21　沧州东油气藏化探综合异常与地质构造对比平面图

a—化探综合异常平面图；*b*—地质构造平面图

1—Cu 异常外带；2—Cu 异常中带；3—Cu 异常内带；4—烃类环状异常连线；

5—油气藏轮廓在地表上的投影；6—断层；7—深部构造等高线(m)；8—工业油气井

六、沧州肖九拨油田

肖九拨油田位于黄骅坳陷中部，油气产层为下第三系沙河街组，属断块油气藏。

该油田的土壤地球化学异常平面图如图 4-22 和图 4-23 所示，从图上可见，油田上方的常规化探指标烃类、△C、Hg 的异常发育形态相似，各指标均形成自身的环带状异常和面状顶部异常的镶嵌结构，△C、Hg 的异常环比烃类异常环小些，由于受测区范围所限，异常环带东边未封闭。

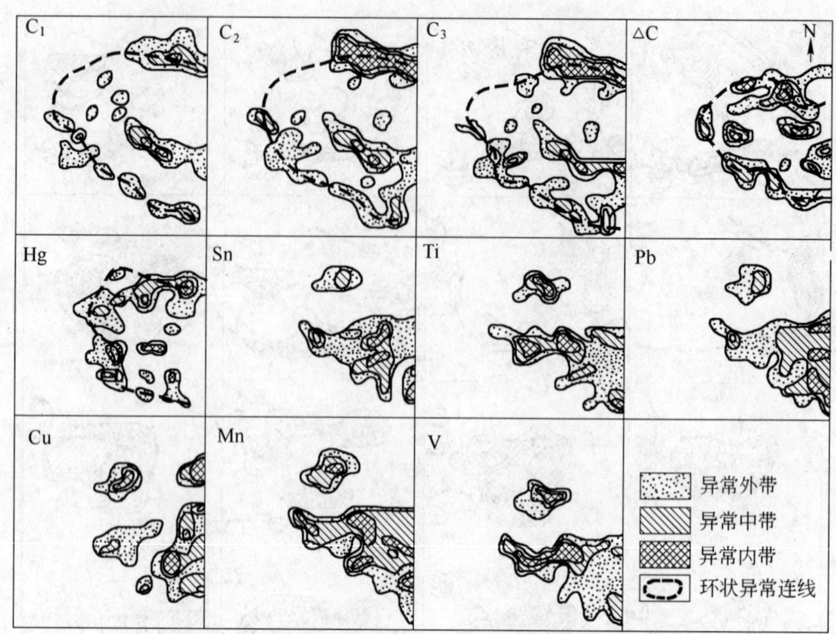

图 4-22　沧州肖九拨油田土壤地球化学异常平面图

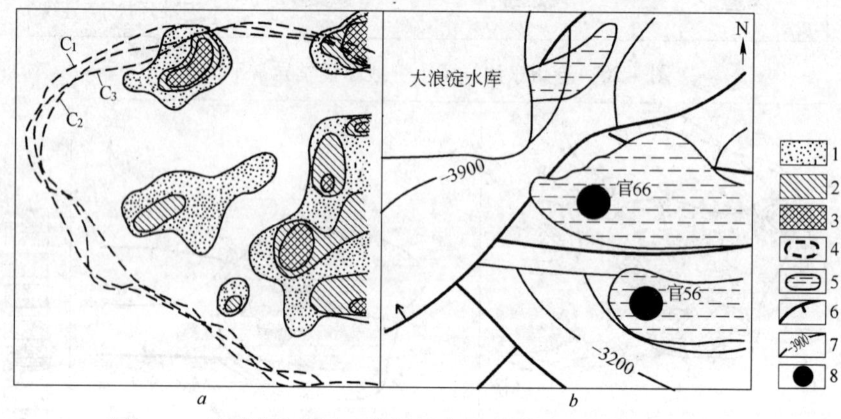

图 4-23　沧州肖九拨油田化探综合异常与地质构造对比平面图

a—化探综合异常平面图；*b*—地质构造平面图

1—Cu 异常外带；2—Cu 异常中带；3—Cu 异常内带；4—烃类环状异常连线；

5—油气藏轮廓在地表上的投影；6—断层；7—深部构造等高线(m)；8—工业油气井

电吸附 Cu、Mn、Pb、Sn、Ti、V 等指标异常发育，异常形态相似，分布位置基本吻合，均呈不规则面状异常展布，异常东边未封闭。

从图 4-23 上看，电吸附异常(以 Cu 为代表)基本上位于油田的正上方，官 66 井油藏和官 56 井油藏正好位于电吸附 Cu 异常中；常规化探指标(以烃类为代表)的环状晕沿油田周边分布。该油田具有烃类、△C、Hg 等指标的环带晕镶嵌电吸附指标面状顶部晕的异常结构。

七、沧州年涝洼油藏

年涝洼油藏位于黄骅坳陷中部，油气产层为下第三系沙河街组，属断块油气藏。

从该油藏的土壤地球化学异常平面图可知(图 4-24、图 4-25),常规化探 C_1、C_2、C_3 异常形态相似,分布位置基本吻合,在油藏上方形成明显的近圆形断续环带晕和面状顶部晕镶嵌结构,环带晕的连续性一般,顶部晕相对发育,呈不太规则的面状或港湾状,面积较大;非烃类指标△C、κ 的异常结构与以上类似,不过其环带晕范围比烃类小些,顶部晕面积小且零散。

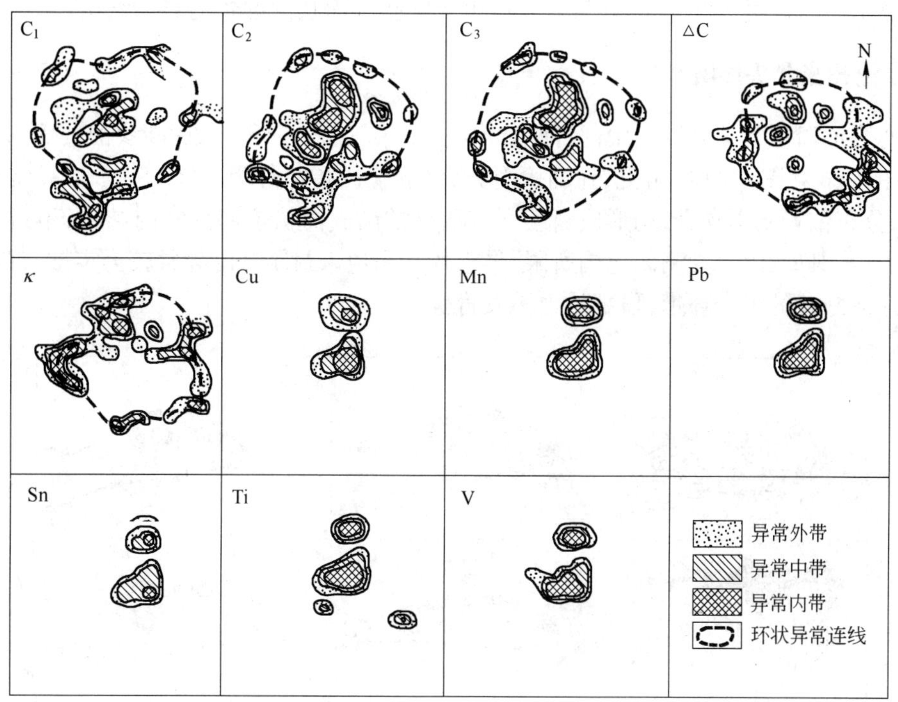

图 4-24 沧州年涝洼油藏土壤地球化学异常平面图

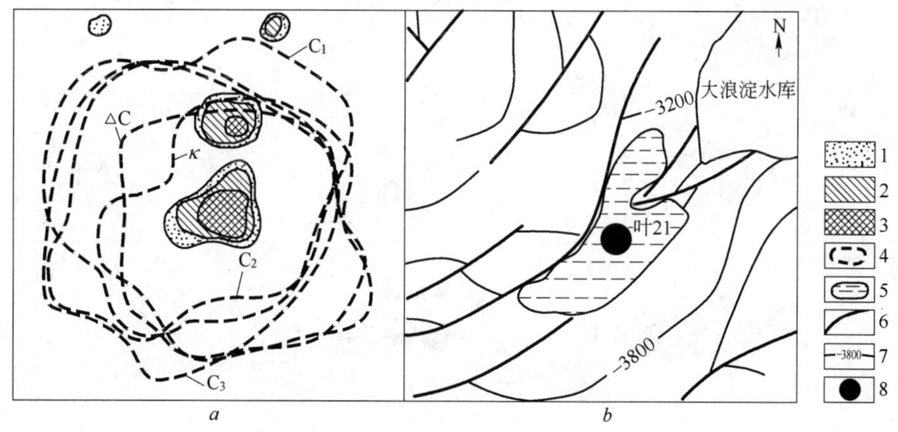

图 4-25 沧州年涝洼油藏化探综合异常与地质构造对比平面图

a— 化探综合异常平面图;*b*—地质构造平面图

1—Cu 异常外带;2—Cu 异常中带;3—Cu 异常内带;4—烃类、△C、κ 环状异常连线;5—油气藏轮廓在地表上的投影;6—断层;7—深部构造等高线(m);8—工业油气井

电吸附 Cu、Mn、Pb、Sn、Ti、V 等指标异常相对不太发育，多数指标出现两个小团块状的异常，异常形态相似，分布位置吻合，异常分布位置正好处于油气藏的正上方，具有典型的顶部晕特征。

从图 4-25 可更清楚地看出，常规化探指标的环状晕沿油藏的外围分布，而面状电吸附异常(以 Cu 为代表)正好位于油藏的上方，油藏分布范围与电吸附异常分布范围基本吻合。该油藏显示了以烃类、△C、κ 的环带晕镶嵌电吸附指标面状顶部晕的异常结构。

八、沧州集北头油田

集北头油田位于黄骅坳陷中部，油气产层为下第三系沙河街组，属断块油气田。

从图 4-26 和图 4-27 中可见，在油田上方，常规化探指标烃类、△C、Fe^{2+}、κ 异常形态结构相似，分布位置基本吻合，均形成断续环带状异常镶嵌面状顶部异常的结构，不过顶部晕较零散，不甚典型，由于受测区范围所限，异常环带东边未封闭；Hg 异常较为零散，仅在北侧和西侧形成断续的半个环带，顶部晕也不发育。

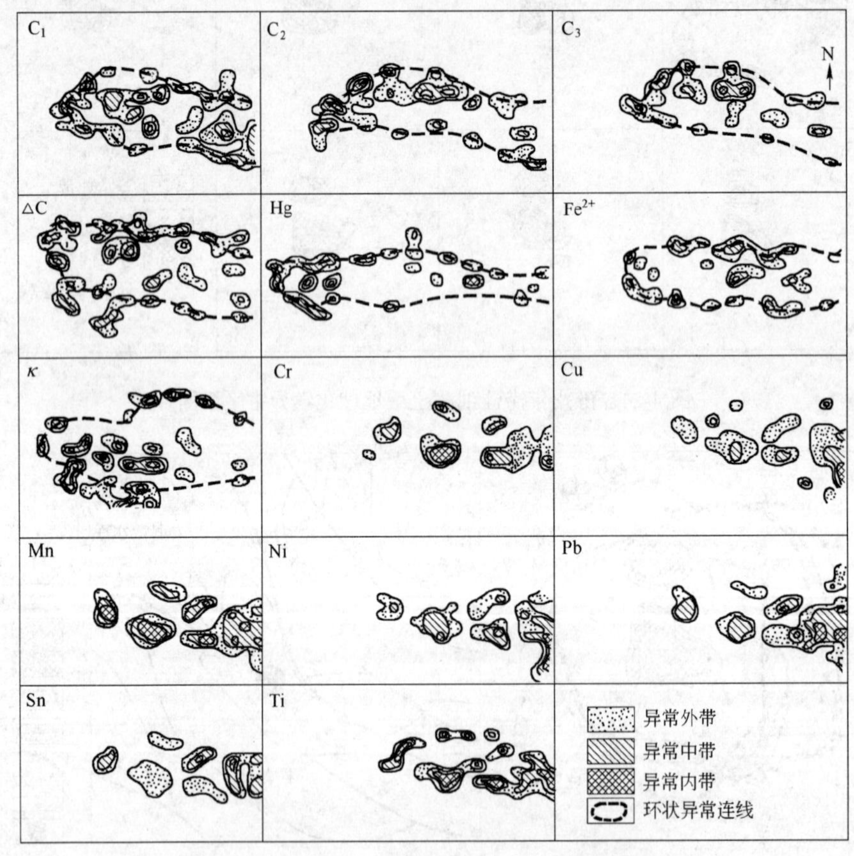

图 4-26　沧州集北头油田土壤地球化学异常平面图

电吸附 Cr、Cu、Mn、Ni、Pb、Sn、Ti 等指标在油田正上方形成多处面状异常，各指标的异常形态相似，分布位置基本吻合，具有典型的面状顶部晕特征。

从图 4-27 可更清楚地看出，该油田具有常规化探指标的环状晕镶嵌电吸附指标(以 Cu

为代表)的面状顶部晕的异常结构。

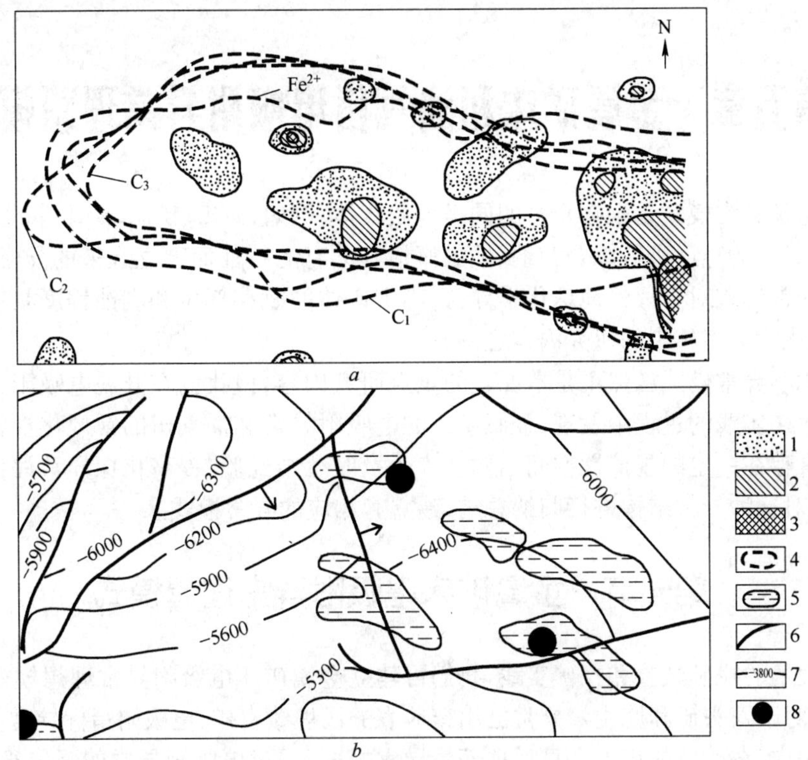

图 4-27 沧州集北头油田化探综合异常与地质构造对比平面图

a—化探综合异常平面图;*b*—地质构造平面图

1—Cu 异常外带;2—Cu 异常中带;3—Cu 异常内带;4—烃类、Fe^{2+}环状异常连线;5—油气藏轮廓在地表上的投影;6—断层;7—深部构造等高线(m);8—工业油气井

第五章　金属矿床和油气田电吸附异常理想模式

地球化学异常模式是根据众多的同类地质客体,例如,矿田、矿床、矿体等的地球化学异常三度空间发育特点,进行综合归纳、抽象概括其共有的特征而建立起来的异常空间结构。地球化学异常模式对于评价地球化学异常,确定矿体的赋存部位和剥蚀程度具有重要的意义,是地球化学家多年来的研究内容之一。

地球化学异常模式虽然不是本课题的重点研究内容,但我们在开展电吸附找矿法有效性试验和找矿实践的过程中发现,金属矿床的电吸附异常和油气田的常规化探指标与电吸附指标异常存在一定的规律性空间结构。为了及时总结经验,提高化探异常评价解释的水平,有必要对这种异常结构进行归纳总结,建立起相应的异常模式。

第一节　金属矿床电吸附异常理想模式

根据大量的找矿试验和找矿实践,我们可建立金属矿床电吸附异常理想模式(图 5-1),如图所示,对于露头矿和原生晕异常已出露地表的浅埋藏盲矿,电吸附指标异常与常规化探指标异常一样,在矿体的正上方显示顶部晕异常模式,不过电吸附异常的强度很低,其峰值有的指标可能比常规化探的背景值稍高些,有的指标可能比常规化探的背景值稍低些;电吸附法提取的活动态组分主要由次生晕异常转化而来,也有部分后生异常叠加。对于深埋藏盲矿体和掩埋矿体,电吸附异常在矿体正上方也显示顶部晕异常模式,不过电吸附异常的强度更低,其峰值低于常规化探的背景值;电吸附法提取的组分属后生异常的活动态组分,因其含量低于常规化探的背景值,其异常被背景值所掩盖,故常规化探没有异常显示。

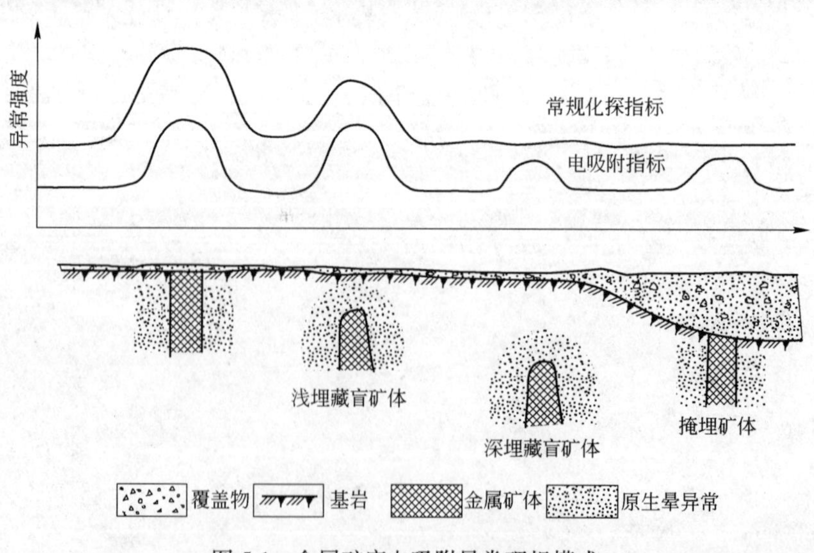

图 5-1　金属矿床电吸附异常理想模式

第二节　油气田地球化学异常理想模式及形成机理的讨论

一、油气田地球化学异常理想模式

油气化探指标繁多，异常发育形态各种各样，油气藏类型也多种多样，这决定了油气田的地球化学异常也具有多种模式。1993 年，黄书俊根据国内外油气田的地球化学异常发育特征及前人的研究成果[7]，把油气田的土壤地球化学异常归纳为环状、块状、环状镶嵌块状、带状 4 种异常理想模式(图 5-2)，其中：*a*—环状异常模式，系指有关组分的异常形态呈近圆形或椭圆形的空心环状围绕油气藏边部分布，油气藏位于环状异常中间的低值区中；这种异常模式多数与背斜构造、鼻状构造等油气藏有关。*b*—块状异常模式，系指有关组分的异常形态呈规则的或不规则的块状、面状分布于油气藏的正上方，即人们所称的“顶端异常”；块状异常模式主要与岩性油气藏有关。*c*—环状异常镶嵌块状异常模式，这是环状异常与块状异常的一种组合结构模式，即有的组分呈环状异常分布于油气藏的边缘，有的组分呈块状异常分布于油气藏的正上方，形成镶嵌结构，块状异常一般反映油气藏隐藏的部位；这种异常模式多与背斜圈闭油气藏有关，是油气化探中最常见的一种模式。*d*—带状异常模式，这种异常模式的特点是有关组分的异常呈带状、线状、串珠状沿断层周围或附近展布，具有明显的方向性；这种异常模式一般与断陷盆地或断块油气藏有关。

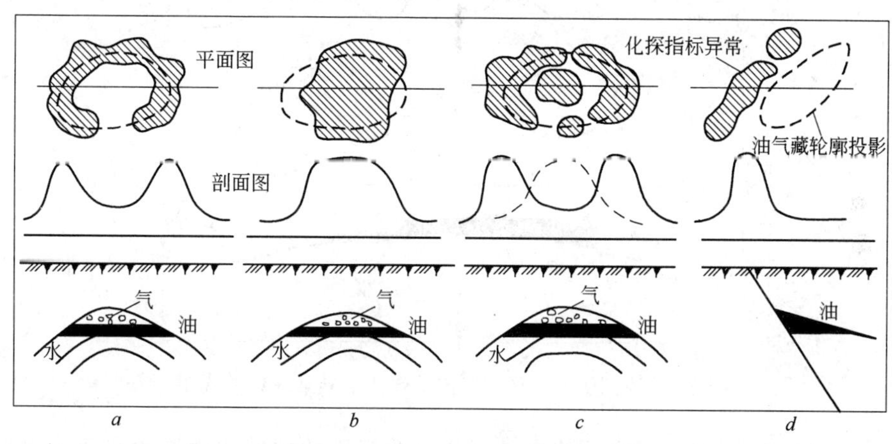

图 5-2　油气田土壤地球化学异常理想模式

(据黄书俊，1993)

a—环状异常模式；*b*—块状异常模式；*c*—环状异常镶嵌块状异常模式；*d*—带状异常模式

无疑，这些异常模式是存在的，对油气田来说具有一定的普遍意义。但由于历史条件的限制，建立这些模式时电吸附找矿法尚处于初步试验阶段，还未应用于寻找油气实践，因此，其异常模式仅提到常规油气化探指标，未涉及电吸附指标；另一方面，由于电吸附找矿法在已知油气田的试验和寻找油气的实践还有限，未能涉及到更多地区的不同类型油气田，因此，仅根据我们所获得的有限资料，对其中的有关模式进行补充完善。

根据前章所举的油气田地球化学异常特征实例，可建立我国华北地区油气田的地球化学异常理想模式(图 5-3),该模式表示,在平面上,在油气田上方常规油气化探指标烃类、Hg、△C、Fe^{2+}、κ 主要呈环带状异常和较零散的块状顶部异常的镶嵌结构;在剖面上,异常主要发育于油气田的边部,在油气田正上方形成较弱的平缓异常或多峰异常。电吸附指标的异常发育特征与上不同,在平面上,不出现环带状异常,而在油气田的正上方形成面状的顶部异常;在剖面上,在油气田正上方形成较连续的异常或多峰异常;概而言之,该图显示了常规化探指标的环带晕镶嵌以电吸附指标为主的面状顶部晕的异常结构模式。

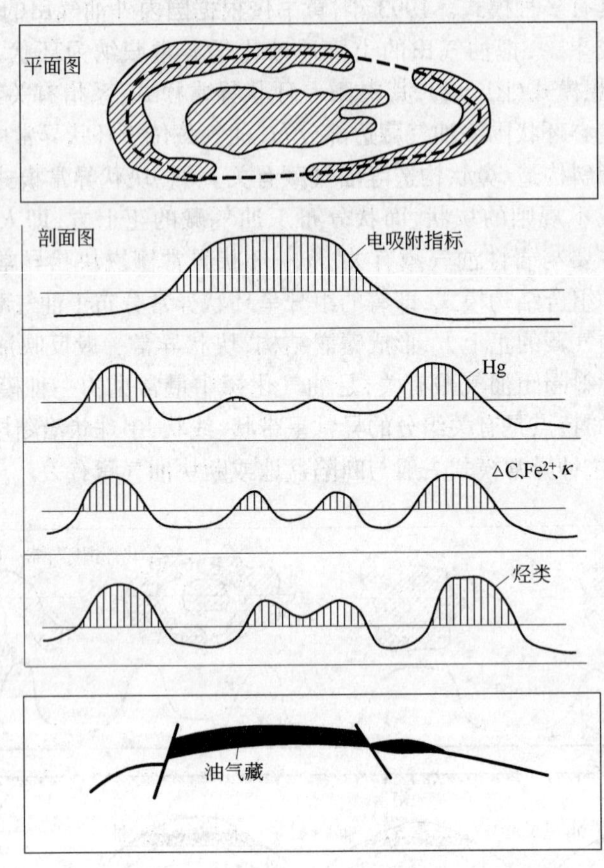

图 5-3　我国华北地区油气田地球化学异常理想模式图

虽然该异常模式只是根据我国华北地区几个油气田的地球化学异常特征建立起来的,是否具有普遍性还有待找矿实践的检验,但从多年来的油气化探实践来看,该异常模式是具有一定的普遍性和适用性的,对我国华北地区的油气化探异常评价和油气远景区的圈定具有重要的指导意义。

需要指出的是,从前述青海冷湖油田和大港油田刘官庄油气藏的地球化学异常特征来看,电吸附指标的异常主要出现在油田的边部,而 C_1 异常主要出现在油田的正上方,似乎存在着与上述模式组分相反的异常结构,即电吸附指标的环状晕镶嵌烃类组分面状顶部晕的异常结构。因此类油气田的异常实例太少,建立这种异常模式的依据还不充分,所以本书中未提出这种模式。但既然有这种实例出现,那么这种模式存在的可能性还是比较大的,这有待今后进一步的工作。

二、油气田地球化学异常模式形成机理的讨论

从上述油气田地球化学异常模式可知,其异常结构很奇特,为一般金属矿床所罕见,这是什么原因造成的? 因油气化探指标繁多,各指标异常的形成机理也不甚一样,在此,我们不想对所有指标异常的形成机理进行全面的讨论,仅对上述异常模式的烃类环状异常和电吸附指标顶部异常的形成机理进行一些探讨。

(一) 烃类环状异常的形成机理[8]

烃类环状异常是油气田中最常见的一种异常模式,它指烃类组分异常形态呈近圆形或椭圆形的空心环状围绕油气藏周边分布,油气藏位于环状异常中间的低值区或背景区中。由于地质条件的差异,在具体油气藏中,烃类组分的环状异常表现形式也不一样,有的呈较完整的环状,有的环状不一定很完整,而由一系列的小块状异常组成断续的环带,有的呈港湾状、半环状、半月形状等。

这种颇具特色的异常形态早就引起了人们的重视和注意,半个多世纪以来,国内外地球化学家从不同的角度对其形成机理进行了探讨,提出了各种各样的理论,根据有关资料,可归纳为两种主要理论。

1. 烟囱效应

烟囱效应是为解释油气藏的晕圈异常(即环状异常)而提出的,它的基本理论是:在油气藏正上方存在一个氧化还原电池,这个电池的存在造成一系列与之相关联的地球化学作用和产生不同类型的地球化学现象。

形成油气藏的基本地质条件是要有一个相对比较封闭的构造圈闭,但是绝对封闭的构造圈闭是不存在的,在油气藏上方的盖层中总是有细微的裂隙、裂缝、孔隙和节理等存在,这为烃类组分向上运移提供了通道。油气藏的烃类组分在压力差、浓度差、水动力差及电动力等作用下,以三种形式作垂向运移:(1)喷发作用,如游离气体,是形成宏观油气苗的主要因素;(2)溶解于垂向运动的水中的各种气体的扩散作用,水能通过似乎不可透过的金属或玻璃等障碍物,这种形式的迁移可产生微观油气苗;(3)由于水动力差或化学势的驱动,溶解于水中的低分子量烃类穿过各种盖层作垂向迁移,或以胶体粒径的微气泡向上迁移。在漫长的地质作用过程中,油气藏上方的盖层(如页岩或灰岩)将被烃类所饱和,此时油气藏上方将出现面状顶部晕异常。随着时间的推移,盖层中的某些黏土矿物,如天然沸石等对长烃键分裂为较小的分子起催化作用,这种裂化作用使饱和带按下述化学反应产生负电离:

$$C_4H_{10}(\text{丁烷}) + \text{催化剂} \rightarrow 2C_2H_5^-$$

副反应为:

$$2C_2H_5^- + H_2 \rightarrow 2C_2H_6(\text{乙烷}) + 2e$$

因而整个封闭地区被未还原的电荷饱和,在油气藏上方的一定范围内为还原环境,其上及至地表的范围由于游离氧等的加入,被很强氧化形成氧化环境。随着地表被氧化(形成阴极),从产生电子的油气藏上方(阳极)到电子稀少的地表形成柱状电子流,从而在油气藏正上方形成柱状氧化还原环境或烟囱,这种烟囱被称为氧化还原电池(Pirson,1981)。Price(1986)指出这种烟囱是油气藏上方被垂向运移的烃或某些与油气藏伴生的其他未知因素改造了的岩石柱体。

这种氧化还原电池的存在,造成了一系列与之相关联的地球化学作用和产生不同类型

的地球化学现象。如在一般氧化地表,通常仅有赤铁矿(Fe^{3+})和黄铁矿一类的铁矿物形成,并保留其中;而在氧化还原环境,存在再结晶作用,则产生磁铁矿(Fe^{2+},Fe^{3+})等矿物,这些矿物仅产生于油气藏正上方的氧化还原区间内,从而在油气藏上方出现Fe^{2+}异常。又如,由于氧化还原电池的存在,向上运移的烃类分子可能被氧化形成别的产物,如甲烷被氧化形成H_2O和CO_2,见下式:

$$CH_4(\text{甲烷}) + 2O_2 \rightarrow 2H_2O + CO_2$$

而CO_2与H_2O又起作用,产生重碳酸根离子,后者又与溶解于水中的Ca或其他矿物化合,产生特殊的充填孔隙的胶结物。碳酸钙的沉淀和溶解按下列碳酸盐的平衡式进行:

$$CO_2(\text{气体}) \Leftrightarrow CO_2(\text{溶解的})$$

$$CO_2(\text{溶解的}) + H_2O \Leftrightarrow H^+ + HCO_3^-$$

$$\underline{CaCO_3(\text{固体}) + H^+ \Leftrightarrow Ca^{2+} + HCO_3^-}$$

$$CO_2(\text{气体}) + H_2O + CaCO_3 \Leftrightarrow Ca^{2+} + HCO_3^-$$

由于原来烃类向上运移的通道被其氧化形成的胶结物所充填堵塞,因此,只能向远离氧化还原电池的方向运移,这种向上向外运移的烃类气体便形成倒锥体形状的晕圈异常(图5-4)。因烃类组分属易于挥发的气体,而原来烃类垂向运移的通道又被其氧化形成的胶结物所充填堵塞,断绝了烃气的补充来源,早先在油气藏上方形成的面状顶部晕异常将逐渐被挥发掉直至消失,因而,现代地表土壤中只显示上述倒锥体形态的晕圈异常形态。这就是油气藏上方烃类组分多呈环状异常的原因。

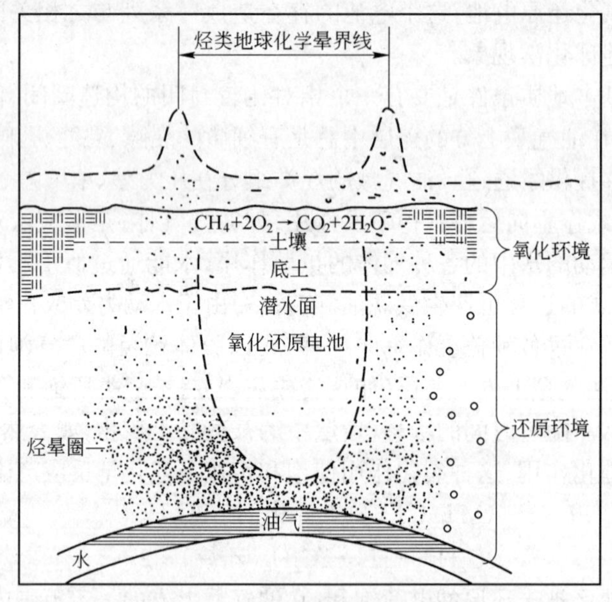

图 5-4　油气的地球化学迁移

(据 W Duchscherer Jr.,1980,稍加补充修改)

其他还可发现与这种氧化还原电池有关的放射性、大地电流、磁大地电流、微磁性、色调、金属、氡和氦等地球物理、地球化学异常,在此不一一列举。

2. 微生物吞噬说

微生物吞噬说与烟囱效应的观点针锋相对,认为油气藏烃类的晕圈异常不是烟囱效应引起，而是微生物吞噬造成的。

烃类是许多微生物的营养源，能使烃类分解或同化的微生物多得不计其数。据认为，烃类几乎一下从伏油气藏进入生物圈，就会很快地被土壤中的微生物分解或改造(Zobell, 1946)。

由于微生物个体很小，很容易穿过最小的裂隙、孔隙和裂缝，以及被微尘携带到各处分布；同时正因为它个体很小，与周围介质的接触面极大，与烃类分子相遇的频率很大，不难把烃类气体物质作为营养源(Карцев, 1959)。实验资料也证明(Daris, 1967)，在一个装有含细菌和放线菌土壤的试管中低速注入$(50\sim90)\times10^{-6}$的甲烷气流，渗透过的气体中甲烷浓度不到5×10^{-6}。由此可见，微生物对垂向迁移烃类的气化效应是很强的。虽然某些微生物有专食某些烃类的特性，但在一定条件下也可适应食用其他烃类，例如，甲烷氧化菌，在烃类微渗漏区之外，它通常只食用甲烷，而在微渗漏区之内，由于其他烃类也很丰富，甲烷氧化菌也就适应了食用乙烷、丙烷和丁烷(Ставинский 等, 1955)。

Price(1985)和Davis(1967)等人也强调了微生物的作用，并对烟囱效应提出另一种见解。他们认为，在所有的微渗漏环境下，烃类在分子动力学上都是稳定的，若没有微生物的活动，烃类将显示出绝对无氧化的倾向。正是由于油气藏上方的盖层和土壤层中有许许多多种类的微生物，它们在利用烃类作为食物源时将其氧化，并消耗游离氧和结合态的氧，如SO_4^{2-} 或 NO_3^-，使介质中的 Eh、pH 变化，生成 CO_2、H_2S，分解硫酸盐甚至铝硅酸盐(黏土矿物)，造成碳酸盐、二氧化硅和氧化铝的沉淀，以及黏土矿物中^{40}K 的释放和活化迁移。与其他理论不同，Price 等并不认为这类沉淀作用会将烟囱范围的盖层完全堵塞，其论据有二：其一，多种化探方法(标志)的顶部异常是确实存在的；其二，油气藏上方的气测井资料证明，沿井孔向下烃气浓度是持续增大的，即使在晕圈异常中心低值区的下部，也总能发现高浓度的烃类，这说明油气藏上方地表烃类浓度减小是由某种地表效应造成的。按这种理论，可对异常模式方面的许多疑难问题进行比较合理的解释。Price 等认为，晕圈异常主要不是由于烟囱效应(蚀变堵塞)引起的，而是近地表微生物活动所致，晕圈异常中心部分烃浓度低，主要原因是因为那里微生物活动最强烈，把微渗漏出来的烃吞噬掉了，中心低值区是微生物活动对正常烃气迁移通量的削减效应；由于季节和湿度变化，微生物活动旺衰不一，便会产生晕圈异常与顶部异常的变化。这种观点已被所观察到的许多地球化学现象所佐证：如据 Price (1985)的评述，微生物测量法所查明的异常总是顶部异常；土壤吸留法(Horvitz 等使用的土壤酸处理技术)、△C 法和土壤碳酸盐法(Карцев 等提出)等所测得的异常多为晕圈异常；土壤气烃和土壤吸附烃法既可测得顶部异常，又可测得晕圈异常，且后者多见于湿润气候条件下。还有异常的强度和模式有随时间(季节)变化而变化的现象，例如，在前苏联的克拉斯诺达尔地区，就观察到雨季(微生物活动旺盛)烃浓度低，旱季(微生物活动衰弱)烃浓度增大的现象；在得克萨斯州某油气藏上于 5 月和 9 月进行了两次土壤吸附甲烷测量，前一次查明的是晕圈异常，后一次查明的是顶部异常，且强度增大。

上述两种观点从不同角度解释了烃类环状异常形成的原因，都各有其理论依据。也许这两种作用都是存在的，烃类坏状异常的形成是两种作用的综合产物。

(二) 电吸附指标顶部异常的形成机理

前已述及，石油中含有多种微量元素。在油气藏形成之后，烃类组分及其伴生组分微量元素在压力差、浓度差、水动力差、电动力和毛细管等作用下,将沿油气藏上方盖层中的微裂隙、孔隙、裂缝等垂向运移到地表进入土壤,并被土壤中的胶体,黏土矿物,铁、锰氧化物及有机质等所吸附,形成后生异常,此时的烃类异常和微量元素异常的发育形态可能是一样的,都呈面状顶部晕异常形式存在。随着时间的推移和地质、地球化学环境的变化,两者的地球化学行径也逐渐发生变化。从有关油气藏地球化学异常 R 型聚类分析谱系图可看出(图 5-5、图 5-6),烃类指标 C_1、C_2、C_3 密切相关,相关系数大于 0.9,组成一族,表明它们的来源相同,经历了相同的地质、地球化学作用过程;电吸附指标 Cu、Pb、Cr、Zn、Sn、Ti、Mn、V、Ni 密切相关,相关系数在 0.9 左右,成为另一族,表明它们来源相同,经历了相同的地质、地球化学作用过程。而这两族之间的相关性很低,相关系数在 0.2~0.3 之间,这揭示两者的地球化学行为存在明显的差异。也就是说,在油气藏形成烃类异常和微量元素异常的初始阶段,它们的来源是一致的,都来自油气藏,它们所经历的地质、地球化学作用基本上也是相同的;但由于两者的地球化学性质明显不同,随着时间的推移和地质、地球化学环境的变化,特别是在表生条件下,它们的地球化学行径就分道扬镳了。烃类组分属活动性很强的气体,易于挥发,又是多种微生物的营养源,早先在油气藏正上方形成的面状顶部晕异常或因烟囱效应逐渐被挥发掉,或被微生物吞噬掉,使异常强度逐渐降低直至消失,变成低值区或背景区;当然,由烟囱效应造成的油气藏上方盖层微裂隙的被堵塞不可能是绝对的,烃类组分或多或少还是能垂向运移上来的,当其补充量大于挥发量或微生物的吞噬量时,则油气藏正上方可能会出现低浓度的小块状顶部异常;当补充量小于挥发量或微生物的吞噬量时,则出现低值或背景含量。而电吸附指标微量元素的地球化学性质与烃类完全不同,它没有挥发性,也不是微生物的营养源,因此,它不像烃类那样因挥发而散失,或被微生物所吞噬,一直保持初始异常的原状,当然,与烃类组分一样,还有或多或少的垂向运移上来的物质的补充,这就是油气藏正上方常出现电吸附指标面状顶部晕异常的原因之一。

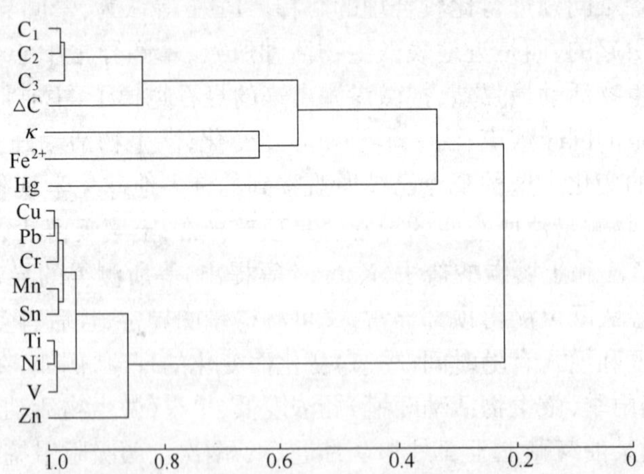

图 5-5　大港油田沧州东油气藏地球化学异常各指标 R 型聚类分析谱系图

有关油气田微量元素异常的形成机制也可能是由原电池作用引起的。任何油气藏的周围均存在一个强弱不均的天然电场,后生地球化学作用下产生的各种离子在电场作用下会向地表迁移。油田卤水离子主要是低分子的羧酸(乙酸、丙酸、正丁酸、异丁酸、磷苯二甲脂、水杨酸、草酸、酒石酸、果酸等及含硫酸、含氮酸、含卤素酸等),它们与金属离子形成络合物向地表迁移。迁移形式的一种是如图 5-7 中的 B 型金属元素与有机质、酸根离子等形成带负电的络合物沿油藏中间和边缘向上迁移,在油气藏上方形成面状的顶部晕异常;另一种形式是图 5-7 中的 C 型金属离子沿油气藏的边缘向上迁移到地表形成环带异常。近年来我们在国内一些油田上进行了试验,基本都具有上述异常特征。

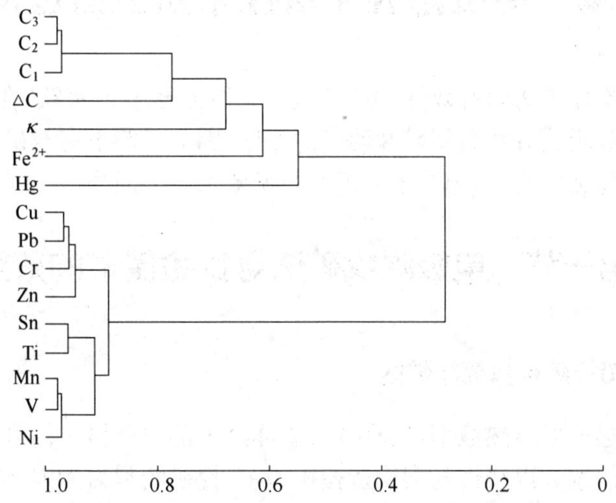

图 5-6 大港油田沧州舍女寺—穆官屯油田地球化学异常各指标 R 型聚类分析谱系图

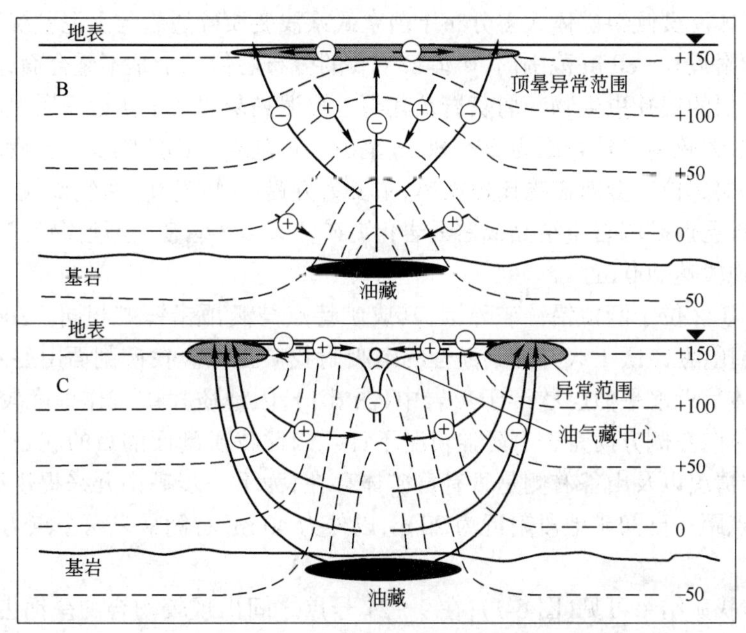

图 5-7 油气藏金属元素迁移形式

第六章　电吸附找矿法在未知区的应用效果

为了检验电吸附找矿法的有效性，近几年来，我们紧密结合实践，在一些矿区的外围和未知区开展了用电吸附法寻找金属矿和油气的工作，圈定了若干有找矿前景的异常，有的异常经深部地质工程验证已见矿，取得了一定的找矿效果。下面列举一些找矿实例。

第一节　电吸附找矿法寻找金属矿的效果

一、广西泗顶铅锌矿桥板乾旺矿区

泗顶铅锌矿属远成低温热液型铅锌矿床，矿体产出部位严格受构造、层位及寒武系古基底隆起与凹陷三维控制。以线性断裂构造控矿为主，控矿断裂为 NW、NNW 及近 SN 向，这些断裂有规律地排列形成帚状断裂构造控矿体系，该体系会聚、收敛部位是矿体分布的主要部位，其中 NW 向断裂通常形成陡倾的脉状矿体，NNW 及近 SN 向断裂则控制似层状、透镜状缓倾斜矿体。缓倾斜矿体大多分布于前寒武系浅变质碎屑岩与上泥盆统钙质岩系的不整合接触界面附近 0～80 m 范围内，矿体最主要的分布层位一个是不整合面，其次是上泥盆统融县组第一层的层孔虫生物碎屑灰岩及其与上覆泥晶灰岩及下伏白云质泥晶灰岩之间的交接过渡部位，大致离不整合面为 20～80 m 范围。古基底局部凹陷及古基底斜坡较陡部位也是成矿较好的部位。金属矿物比较简单，主要为方铅矿、闪锌矿、黄铁矿、磁黄铁矿等。围岩蚀变较弱，仅见近矿围岩重结晶或白云岩化。矿体大多为盲矿，但埋深较浅，多数在100 m范围内，局部地段达 200 m。

桥板乾旺矿区位于泗顶铅锌矿外围，其成矿特点与泗顶铅锌矿相同。2002 年，受桥板乾旺矿山的委托，在该区 1 线开展剖面性的电吸附找矿工作。找矿剖面山谷左侧见铅锌小矿体露头，矿体呈近水平似层状产于灰岩中(图 6-1)，因地质找矿工作程度较低，没有钻探工程控制，矿体向左侧方向是否有延伸情况不详。因此找矿剖面的目的就是了解矿体向左侧方向的延伸情况以及山谷右侧是否有盲矿体存在，为下一步矿山开采提供依据。剖面长 1200 m，采样点距在已知矿地段附近为 20 m，以外为 40 m，右侧最末两个点为 80 m，采集 B 层土壤样品。

从电吸附找矿结果可见(图 6-1)，在 9～21 号点之间出现较吻合的呈锯齿状的 Cu、Pb、Zn、Ag 组合异常，异常强度相对较高，异常宽度 240 m 左右。据此推断，已知矿体向左侧有一定延伸，长度大于 200 m。另外，在 5 号点、30～33 号点之间和 40 号点处也分别出现强度相对较低的 Cu、Pb、Zn、Ag 组合异常，推测其深部可能有小盲矿体存在。

矿山根据我们的推断意见，在铅锌小矿体露头处布坑探向左侧方向掘进，果然见铅锌矿体向左侧方向有一定的延伸，矿体呈似层状，厚度在 20～40 m 之间，现坑探已挖掘 100 多米，探明铅加锌平均品位 10%，矿石储量 50 万 t，金属储量 5 万 t。现矿山正在开采之中。

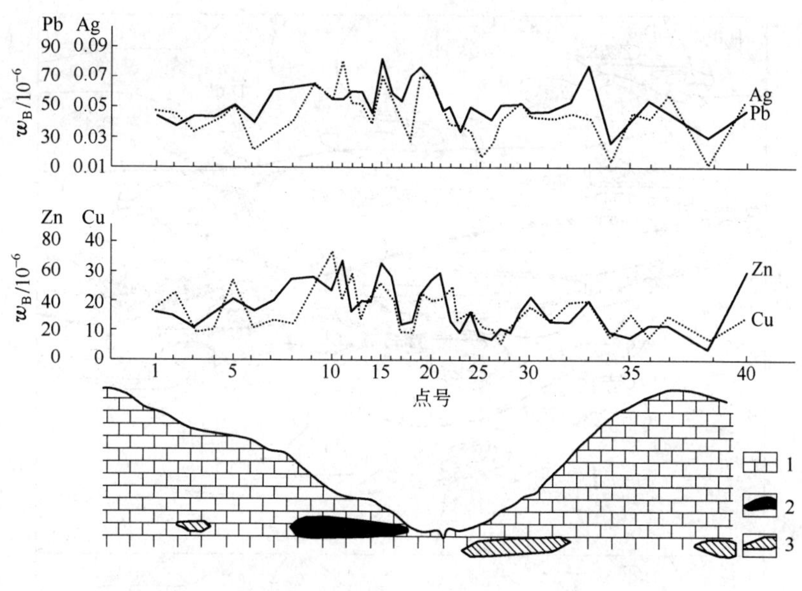

图 6-1 板桥乾旺矿区 1 线土壤电吸附异常剖面图

1—灰岩;2—铅锌矿体;3—推测铅锌矿体

二、广西北香测区

北香测区位于河池市拔贡乡北香村周围。在地质构造上处于丹池断裂的东北侧,丹池大背斜南段北东翼北香穹窿背斜轴部。测区出露地层为中、上泥盆统东岗岭组(图 6-2),岩性为泥质、泥炭质、生物碎屑灰岩,条带灰岩,泥质页岩,结核状泥岩,结晶灰岩及硅质岩等。测区内目前已发现 6 条矿脉,均产于北香背斜近核部的断裂裂隙带中。矿体赋存于中泥盆统东岗岭组第二段泥质、炭质灰岩夹泥灰岩中,矿体主要呈脉状、细脉状、网脉状,倾向南,倾角陡,85°左右,多数沿断裂裂隙分布,局部发现于灰岩层间呈薄层状。矿体多数由多条细脉复合分支所组成,呈雁行分布,相距 5～30 m,走向上延续较好,矿体切穿赋矿岩层。近矿围岩具有绿泥石化、方解石化、硅化及绢云母化。矿石类型可分为两类:一种是以锌为主的锌锡矿石,矿石矿物主要为闪锌矿和锡石;另一种是以铅为主的铅锑矿石,分布于锌锡矿两侧,矿石矿物以脆硫锑矿和方铅矿为主。

为了摸清区内矿体的分布规律和探索深部是否有盲矿体存在,投入土壤电吸附地球化学测量扫面工作,面积约 3.5 km^2,采样网度一般为 200 m×50 m,在矿化有利地段加密为 100 m×25 m,共采集土壤样品 542 件。

从电吸附异常平面图上(图 6-2)可见,Pb、Ag 两元素的主体异常都分布在测区的中部,沿 SE—NW 方向展布,异常呈不规则条带状、港湾状横贯整个测区,长度大于 2000 m,宽度从几十米到几百米不等,异常均具有明显的浓度分带性,出现外、中、内带。两元素的主体异常分布位置大体吻合,基本上都出现在北香背斜北东翼的已知矿带上及其周围。值得注意的是两元素异常的主要浓集部位主要分布在矿带的西南侧,出现两条近平行的浓集带(Ⅰ、Ⅱ号),据此推测,该处深部可能有盲矿体存在。经深部地质工程揭露,矿体向 SW 倾斜,有一定的延伸。该处Ⅰ号异常浓集带为深部矿体的反映。Ⅱ号异常浓集带尚未验证。

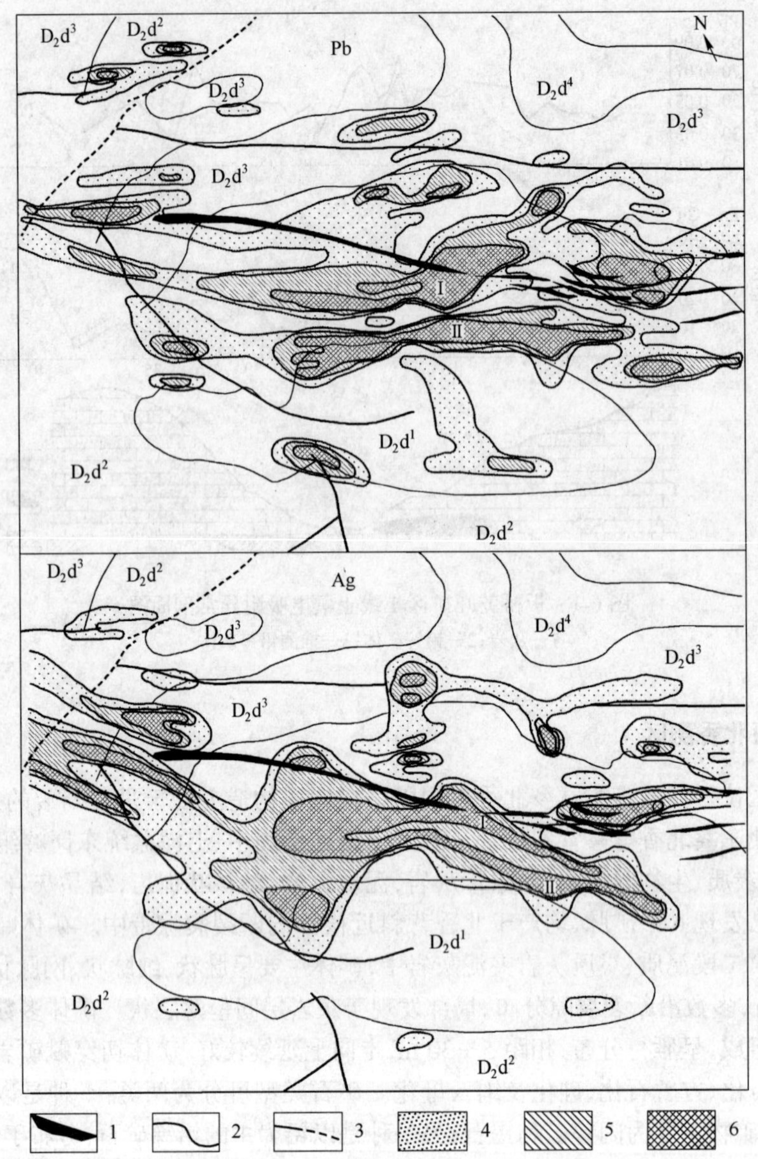

图 6-2 北香测区地质、土壤电吸附 Pb、Ag 异常综合平面图

D_2d^4—中泥盆统东岗岭组四段；D_2d^3—中泥盆统东岗岭组三段；D_2d^2—中泥盆统东岗岭组二段；D_2d^1—中泥盆统东岗岭组一段；1—矿体；2—地质界线；3—断层及推测断层；4—异常外带；5—异常中带；6—异常内带

三、浙江乌岙测区

(一) 地质简况

乌岙多金属矿床为海底喷流沉积成因，加后期构造及岩浆热液改造型复控矿床，矿区出露地层主要有前震旦系陈蔡群下段(d 段)变质岩和上侏罗统 a 段火山碎屑岩(图 6-3)。两者呈断层或不整合接触。

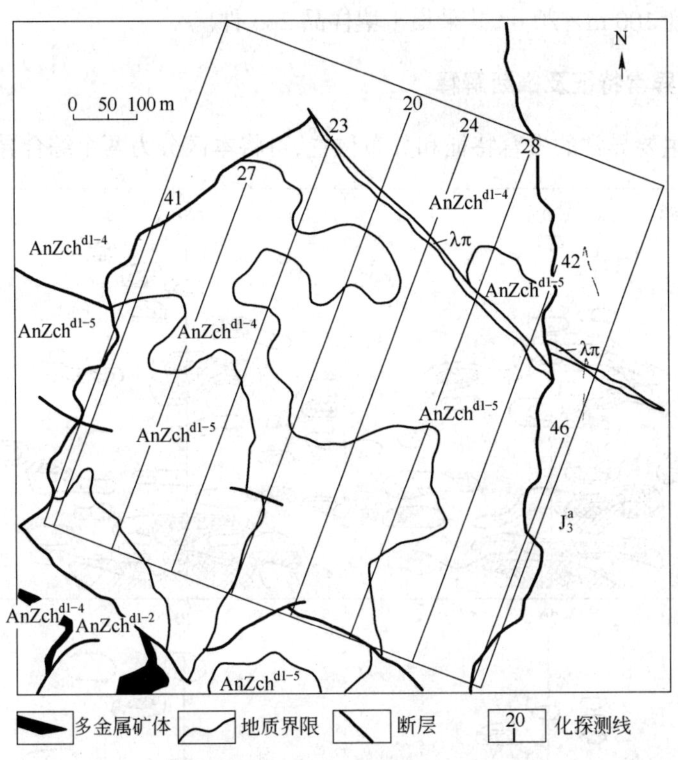

图 6-3 乌岙多金属矿区地质平面图

J_3^a—上侏罗统 a 段；$AnZch^{dl-5}$—前震旦系陈蔡群 d 段第五层；$AnZch^{dl-4}$—前震旦系陈蔡群 d 段第四层；$AnZch^{dl-2}$—前震旦系陈蔡群 d 段第二层；λπ—石英斑岩

前震旦系陈蔡群 d 段($AnZch^{dl}$)自上而下可分为五个岩性层：第五层($AnZch^{dl-5}$)岩性为似千枚石英云母片岩；第四层($AnZch^{dl-4}$)为混合岩化黑云斜长、二长片麻岩、黑云斜长片麻岩；第三层($AnZch^{dl-3}$)为矿化蚀变岩(或矿层)，为矿区含矿层位，岩性有石英绿泥石岩、绿泥透辉绿帘石和透辉石石英阳起石岩，具铅锌铜银矿化、磁黄铁矿化；第二层($AnZch^{dl-2}$)为混合岩化黑云斜长片麻岩；第一层($AnZch^{dl-1}$)为混合岩化黑云斜长片麻岩、黑云斜长片麻岩。上侏罗统 a 段(J_3^a)分布于矿区东部，岩性为流纹质含砾晶屑凝灰岩、流纹质晶屑凝灰岩。

矿区为一背斜构造，轴部位于矿区中部，核部地层为前震旦系陈蔡群下段第一、二岩性层，两翼地层为第四、五岩性层。区内断裂构造发育，主要有 NNE 向和 NW 向两组。

矿区侵入岩以中、浅成相中性岩为主，次为超浅成酸性岩脉，主要有闪长岩、闪长玢岩和石英斑岩。

工业矿体为单一矿层，连续、稳定，局部有分支，走向长 580 m，倾向长 620 m，矿体有效面积为 0.3596 km^2，水平投影近等轴状，矿体厚 0.28～43.59 m，属中等规模。近矿围岩蚀变主要有绿泥石化、绿帘石化、硅化、碳酸盐岩化、黄铁矿化及石墨化。主要金属矿物为闪锌矿、方铅矿、黄铜矿、磁黄铁矿，次要矿物有黄铁矿及少量白铁矿，微量矿物有自然银、辉银矿、硫银铋矿、自然铅、自然铋、辉铋矿、白铅矿、铅矾、铜蓝、孔雀石、蓝铜、白钨矿。

为了扩大矿区的找矿远景，在矿区北侧近外围开展土壤电吸附找矿扫面工作，面积约

0.5 km^2,采样网度 100 m×20 m,共采集土壤样品 263 件。

(二) 电吸附异常特征及推断解释

根据各元素主要异常的发育特征和分布位置,可将本区分为两个综合异常带(图 6-4)。

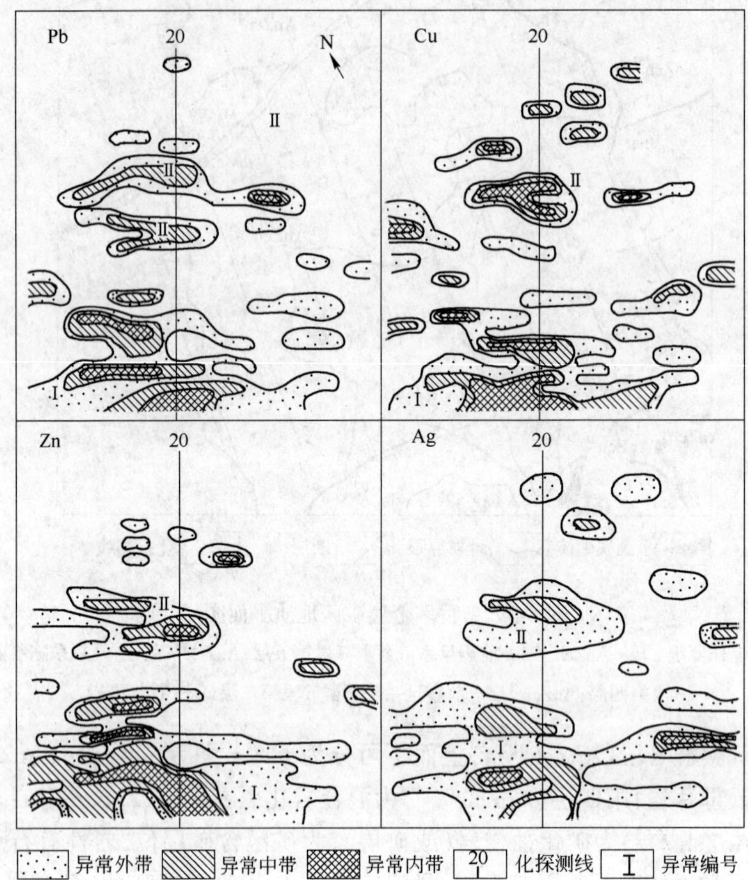

图 6-4 乌呑测区土壤电吸附异常平面图

Ⅰ号综合异常带:分布于测区的西南侧,由 Cu、Pb、Zn、Ag 4 个元素的Ⅰ号异常组成。各元素异常形态均呈不规则港湾状,分布位置大体吻合,异常具有明显的浓度分带性,出现外、中、内带,各元素异常的浓集中心主要位于 20~23 线的南端。异常带轴向 NW—SE,长度大于 700 m,因测区范围所限,各元素异常的西南侧均未封闭。异常带分布于本区背斜的北东翼,围岩为前震旦系陈蔡群下段第四、五岩性层。根据本异常带各元素异常面积较大,异常分布位置比较吻合,而且具有明显浓集中心的特点,推断该综合异常带为多金属盲矿体引起,是本区最有找矿前景的远景区。

Ⅱ号综合异常带:分布于测区的中部,由各指标的Ⅱ号异常构成。各指标异常形态有的呈近椭圆形,有的呈不规则条带状;异常浓度较低,除 Cu 外,其他元素主要发育外、中浓度带。异常带分布地段的围岩主要为前震旦系陈蔡群下段第五岩性层。根据各元素异常分布位置大体上吻合,又具有一定的浓集中心,推断该综合异常带可能为多金属盲矿体引起;又考虑到该综合异常带分布范围比Ⅰ号综合异常带小些,各元素的异常强度低些,多数元素主要发育外、中浓度带，因此，可进一步推测，若该综合异常带深部有盲矿体存在的话，其规模可能比Ⅰ号综合异常带的盲矿体小些，埋藏深度也可能深些。总而言之，该综合异常带是一个有一定找矿前景的远景区。

其他部位各指标还出现一些零散的小异常，因其面积小，浓度较低，吻合性较差，找矿意义不大。

（三）见矿情况

本区在开展电吸附找矿时，并不知道深部矿化的情况，通过资料整理发现本区出现两个综合异常带并做出推断解释之后，有关人员才把该处的地质剖面图拿出来对照，结果证实，Ⅰ号综合异常带果然有层状多金属盲矿体存在，盲矿体的埋深为 120 m 左右，厚度约 20 m，各元素异常的分布范围与盲矿体在地表上的投影基本吻合，20～23 线南端各指标异常浓集中心的部位正好是盲矿体最厚大的部位(图 6-5)。

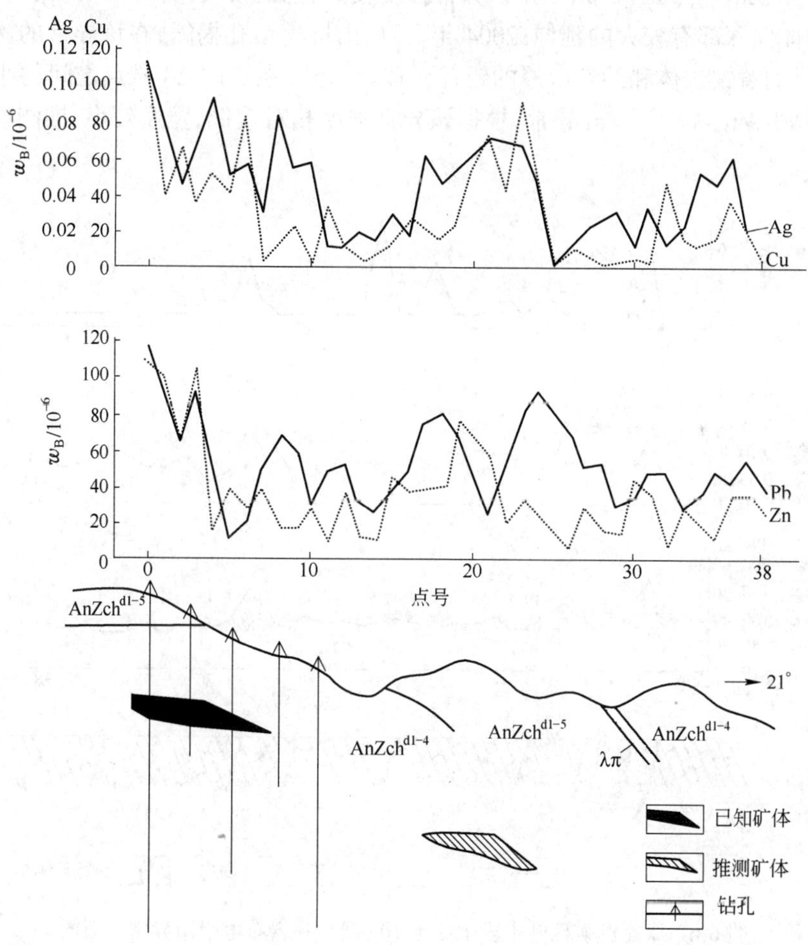

图 6-5　乌岙多金属矿区 20 线土壤电吸附异常剖面图

AnZch^{dl-5}—前震旦系陈蔡群 d 段第五层；AnZch^{dl-4}—前震旦系陈蔡群 d 段第四层；λπ—石英斑岩

Ⅱ号综合异常带还没有进行钻孔验证，根据Ⅰ号综合异常带较准确地反映深部盲矿体存在的事实,该综合异常带已引起有关生产部门的重视。

四、湖南水口山康家湾矿区

康家湾矿床是一个层间破碎硅化角砾岩热液交代充填型铅锌金银矿床,矿体被200~500 m厚的基岩所覆盖,为典型的盲矿床。有关矿床的地质概况见第四章“在铅锌矿上的试验效果”第一个实例。

2002年在该区开展了土壤电吸附扫面和坑道岩石电吸附找矿工作,获得了一些有进一步找矿意义的异常,下面作一介绍。

为了了解康家湾矿区现有生产坑道内矿体向下延伸情况,为矿山下一步生产安排提供地球化学依据,在9中段108至109线之间近200 m长的平巷中开展电吸附找矿工作,共采集38件岩石样品,采样间距在已知矿体部位为5~10 m,无矿地段为15~25 m。电吸附结果如图6-6所示,从图中可看出,在2~10号点之间的构造破碎带和矿体上出现清晰的呈锯齿状的Cu、Pb、Zn、Ag、Au异常,根据该异常强度较高、范围较大(宽约40 m)的特点,推测该处破碎带矿体向深部有较大的延伸;2004年,经矿山坑道钻孔揭露,在该异常的深部果然见到20多米厚的黄铁矿体和约5 m厚的铅锌矿体。另外,在26~28号点之间的小矿体上也出现较弱的Pb、Zn、Ag、Cu、Au异常,根据该异常强度相对较低,宽度较小,推测矿体向下延伸不太大。

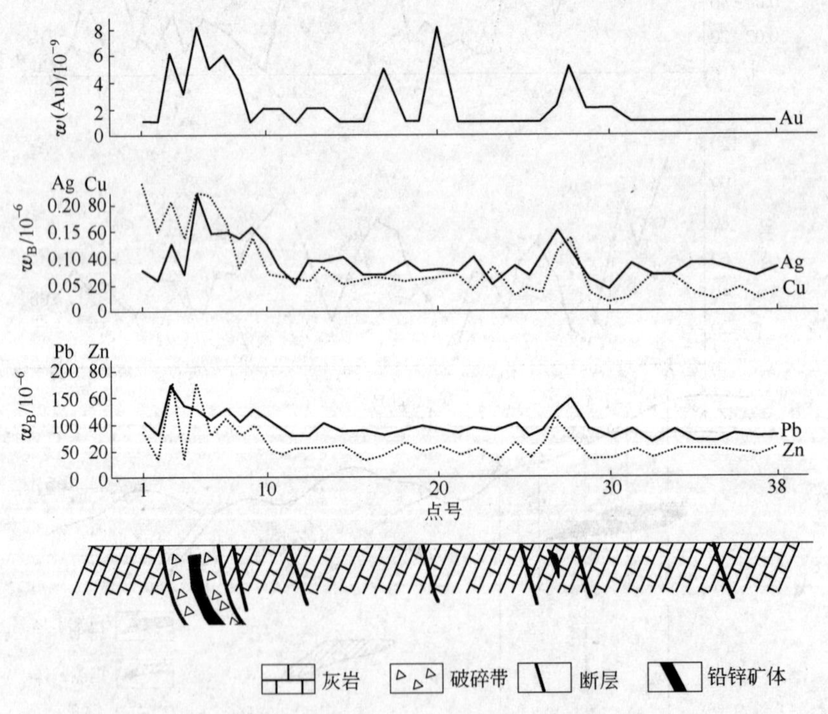

图6-6 康家湾矿区9中段108至109线平巷岩石电吸附异常剖面图

为了扩大矿山的找矿远景,在矿区北部141~161线之间开展土壤电吸附找矿扫面工作,面积0.7 km^2,采样网度100 m×40 m,总共采集土壤样品183件。

从图6-7可见,Zn、Pb、Cu、Ag异常主要出现在测区西南角的141~147线之间,局部上看，异常呈团块状、圆形状、港湾状，各指标异常分布位置大体吻合；从整体上看，从西南部→东北部，各元素异常具有相对较发育→不大发育的变化趋势。155 线以北，各元素均没有异常显示。据此推测，测区西南部的 141～147 线之间可能有盲矿体存在，往东北方向，矿化将逐渐变弱或零星分布，155 线以北没有找矿前景。

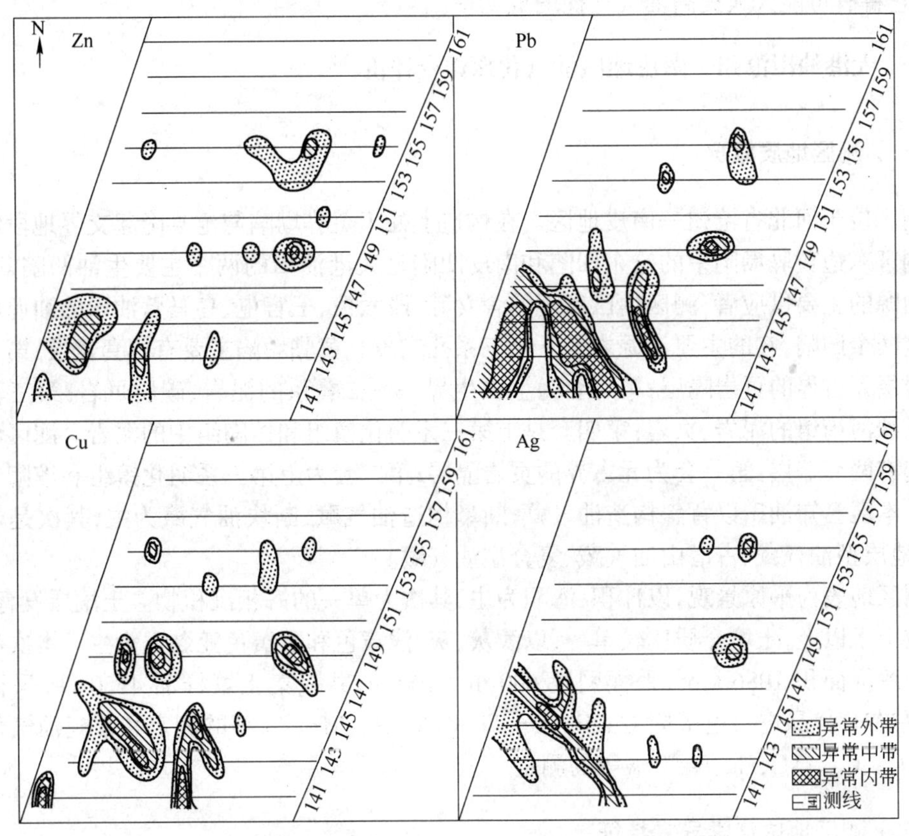

图 6-7　康家湾矿区北部测区土壤电吸附异常平面图

经坑道采矿证实，在 141 线 Pb 异常分布地段深约 200 m 处见到铅锌盲矿体，往东北方向尚未揭露。

第二节　电吸附找矿法寻找油气的效果

我们从事油气化探工作已十几年，经过多年的找矿实践，已摸索总结出一套行之有效的油气化探指标，根据成因属性，这套指标可概括为三大类：(1)主成分指标，指直接来源于油气藏的烃类，包括甲烷(C_1)、乙烷(C_2)、丙烷(C_3)等，它们是油气的主要成分，因此是油气藏的直接指标；(2)伴生组分指标，包括 Hg、微量元素、放射性元素等，它们是油气藏的伴生组分，属油气藏的间接指标；(3)衍生物、物理化学效应指标，包括△C、Fe^{2+}、电导率(κ)等，它们是油气藏中的烃类及伴生组分在运移过程中，与围岩及土壤发生物理化学作用所产生的衍生物或物理化学环境变化的产物，它们也属油气藏的间接指标。经找矿试验和找矿实践发现，常规化探指标，包括烃类组分、Hg、△C、Fe^{2+}、κ 异常主要出现在油气田的周边(前面油气田地球化学异常模式已述及)，能大致圈定油气田的分布范围，而电吸附指标主要出现在油气田的正上方，能指示油气藏的具体赋存部位，对油气藏具有定位的作用，两者具有很好的配套组合关系，因此，常规化探方法和电吸附找矿法相配合是寻找油气的一种较优化的组合，它将有可能大大提高油气化探的成功率。

一、大港油田沧州—南皮地区油气化探详查评价[28]

(一) 测区地质概况

测区位于河北省沧州—南皮地区。在构造上处于黄骅坳陷与沧县隆起交界地段的过渡区。测区东边黄骅坳陷中的沧东凹陷和南皮凹陷是大港油田的两个主要生油凹陷盆地，是本区油源的主要供应者，测区内已发现的舍女寺、段六拨、王官屯、乌马营油田的油源就是来源于这两个凹陷，它的主要油源岩是下第三系孔二段。黄骅坳陷主要有四套盖层：第一套为古老岩层元古界的页岩隔层；第二套为上古生界——二叠系的泥岩、碳质页岩；第三套为下第三系沙河街组的泥岩、页岩；第四套是上第三系明化镇组和馆陶组中的泥岩。测区西部沧县隆起有两套盖层：第一套为元古界的页岩隔层；第二套为上第三系明化镇组和馆陶组中的泥岩。本区已知油田以背斜构造油气藏、断鼻构造油气藏、断块油气藏为主，其次是岩性油气藏、地层型油气藏、古潜山油气藏、复合型油气藏。

测区地表为平原景观，以冲积、海积为主，其次为单一的海相沉积物。土壤层发育，厚度均在数十米以上，土壤介质比较单一，以浅灰、灰、浅黄色和土黄色亚黏土为主。本次油气化探详查评价面积 1086 km^2，采样网度 600 m×400 m，共采集土壤样品 4150 件，采样深度 80 cm左右。样品进行电吸附 Cu、Pb、Cr、Ti、V、Ni、Sn、Mn、Zn 等的测定和常规油气化探指标 C_1、C_2、C_3、△C、Hg、Fe^{2+}、κ 等的测定。

(二) 测区地球化学异常特征

为了简化内容和减少图幅，下面仅介绍部分指标的异常特征。

1. 烃类异常特征

本区烃类指标 C_1、C_2、C_3 异常的发育形态很相似，分布位置基本吻合(图 6-8)。从局部上看，异常主要呈团块状、不规则状、港湾状出现；从整体上看，异常主要分布在测区的东半部。根据异常的展布形态，从北到南共圈出 5 个异常区，每个异常区都由断续环带异常和中间的一系列块状、面状异常群所构成，Ⅰ号异常区分布于测区东北角，呈半圆形，由于测区范围所限，东边异常未封闭；Ⅱ号异常区分布于测区的中东部，呈近椭圆形，东边异常未封闭；Ⅲ号异常区分布于测区东南侧大浪淀水库东边，呈半椭圆形，东边异常未封闭；Ⅳ号异常区分布于测区南半侧中部大浪淀水库的西南边，呈近圆形；Ⅴ号异常区位于测区东南角，呈近长方形，东边异常未封闭。另外，在测区西北角有一片大小不一的团块状、面状异常群，该处只有烃类指标出现异常，其他指标均无明显的异常显示，可能为外来因素的干扰异常，所以未作为远景区考虑。其他部位总体上异常不太发育，零星分布，单个异常块面积很小，不成规模，不具备反映油气藏的异常特征，对寻找油气藏的意义不大。

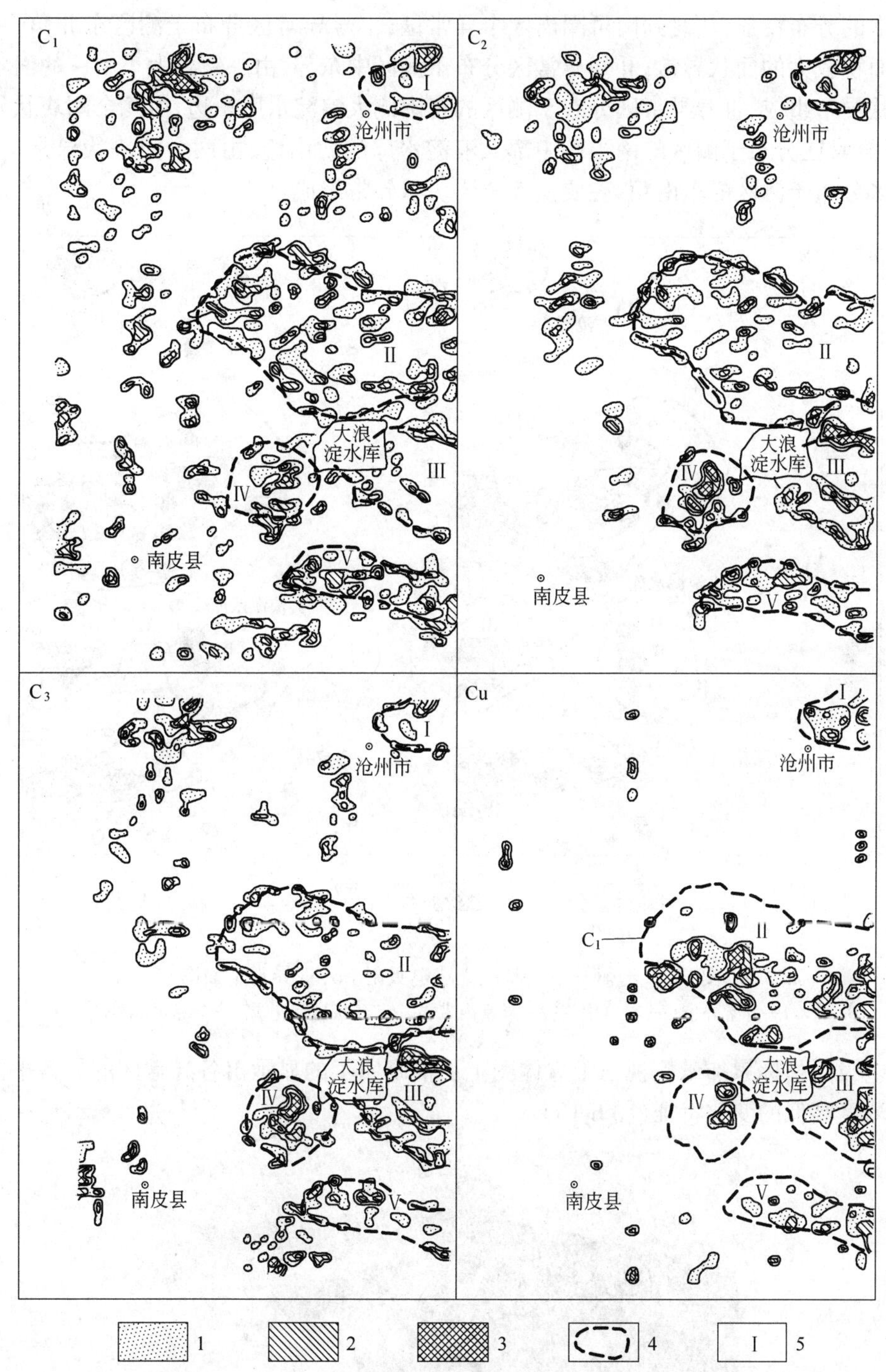

图 6 8　沧州—南皮测区土壤地球化学异常平面图

1—异常外带；2—异常中带；3—异常内带；4—烃类环状异常连线；5—异常区编号

2. 电吸附指标异常特征

本区电吸附指标 Cu、Pb、Ni 异常的发育形态很相似(图 6-8、图 6-9)，分布位置基本吻合。局部上看，异常呈面状、团块状、港湾状；整体上看，异常基本上分布于测区的东半部。

根据异常的分布特征，从北到南可圈出5个异常区，Ⅰ号异常区分布于测区东北角，主要出现一个面积较大的面状异常；Ⅱ号异常区分布于测区中东部，由一系列大小不一的面状异常和团块状异常组成；Ⅲ号异常区分布于测区的东南侧大浪淀水库东边，由几个团块状异常组成；Ⅳ号异常区分布于测区的南半侧中部大浪淀水库的西南边，由两个团块状异常构成；Ⅴ号异常区分布于测区的东南角，主要由5个团块状异常组成。

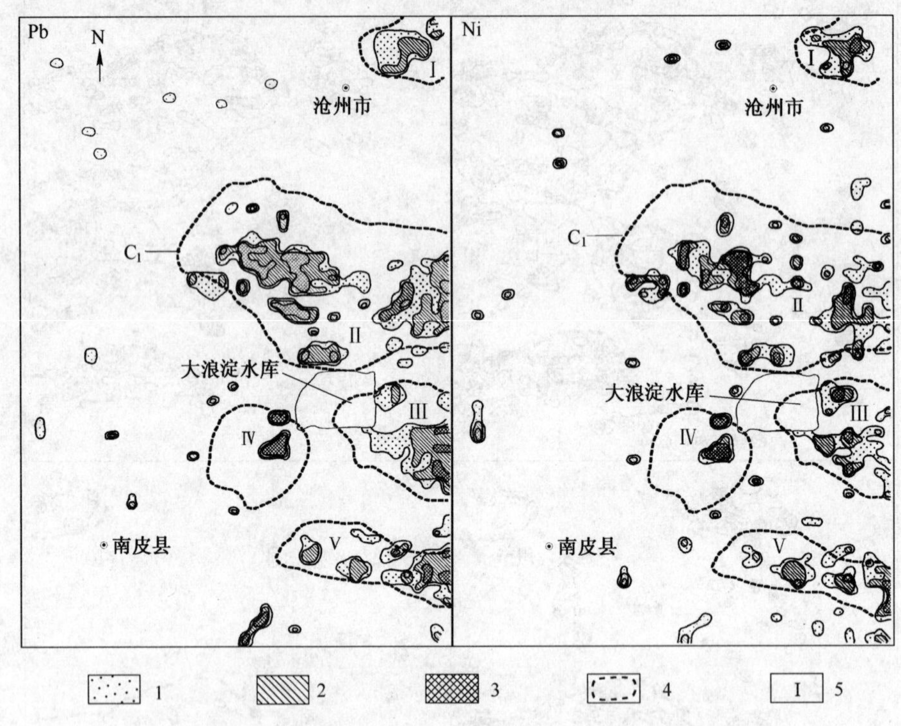

图6-9　沧州—南皮测区土壤电吸附Pb、Ni异常平面图

1—异常外带；2—异常中带；3—异常内带；4—C_1环状异常连线；5—异常区编号

在电吸附指标累加晕侧视三维立体图上更清晰明了的显示出各异常区的异常平面分布范围和浓度高低的变化特征(图6-10)。

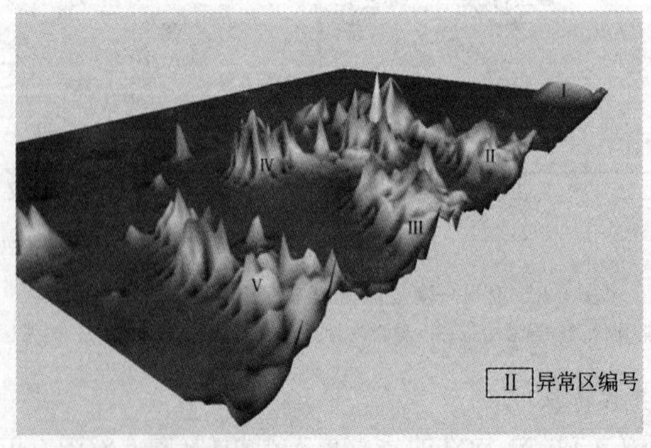

图6-10　沧州—南皮测区土壤电吸附指标累加晕东南角侧视三维立体图

综上所述可知，本区烃类组分和电吸附指标异常整体上的分布格局基本相同，都分布在测区的东半部，两者圈定的5个异常区分布位置大体吻合，不过电吸附指标异常基本上都分布于烃类的环带异常中间，形成烃类指标的环带晕镶嵌电吸附指标面状晕的异常结构，本区已知的油气田全部分布其中，其中的Ⅰ、Ⅲ、Ⅳ、Ⅴ号异常区已在第4章“电吸附找矿法在油气田(藏)上的试验效果”中作了介绍，在此不重述，下面介绍Ⅱ号异常区经钻探验证，见到工业油气流的情况。

(三) 沧州—南皮测区Ⅱ号异常区钻探验证情况

从Ⅱ号异常区的地球化学异常平面图可见(图6-11、图6-12)，常规化探指标烃类、△C、Hg、Fe^{2+}、κ 在油田边缘形成一个连续性较好的近椭圆形的巨大环带状异常，各指标的异常形态相似，分布位置基本吻合，由于受测区范围所限，异常环东边未封闭，现控制的异常环长轴约15 km，短轴约10 km，面积约150 km^2，已知的舍女寺油田和穆官屯油田分布于其中；此外，各指标还出现众多的小面积块状异常较均匀地散布于环状异常中间，似乎为油田的顶部晕，但因太分散，所以不太典型。

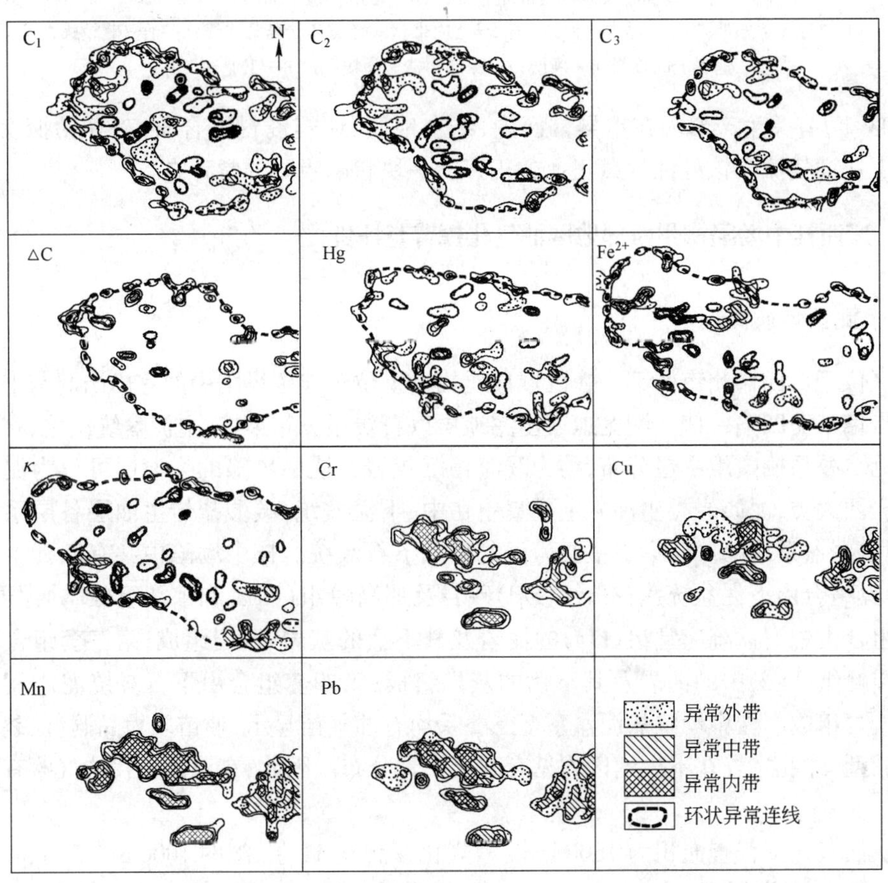

图6-11 沧州—南皮测区Ⅱ号异常区土壤地球化学异常平面图

电吸附Cr、Cu、Mn、Pb等元素的异常发育特征与前面大不相同，都呈块状或面状异常出现在油气田正上方，各指标的异常形态相似，分布位置基本吻合；从各指标异常的展布情况来看，大体上可分为两大片，一片位于异常区的东部，另一片位于异常区的中西部，这正好分别对应于穆官屯油田和舍女寺油田的分布范围，具有典型的顶部晕特征(图 6-12)，与常规化探指标的环带晕形成镶嵌结构，与常规化探指标相比，它对油气藏有较准确的定位作用。

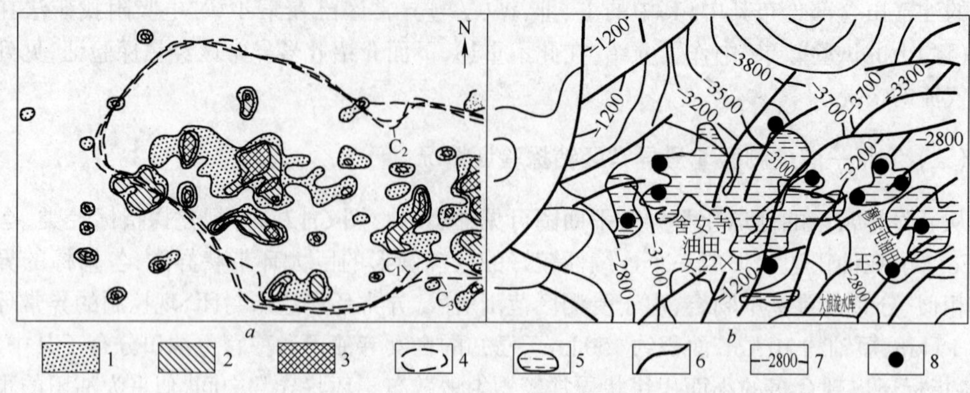

图 6-12 沧州—南皮测区Ⅱ号异常区化探综合异常与地质构造对比平面图

a—化探综合异常平面图；*b*—地质构造平面图

1—Cu 异常外带；2—Cu 异常中带；3—Cu 异常内带；4—烃类环状异常连线；5—油气藏轮廓在地表上的投影；6—断层；7—深部构造等高线(m)；8—工业油气井

2003 年，有关生产部门在本异常区内，结合地质、地震资料综合研究，经钻探女 22×1 井获得工业油气流。该处油气藏正上方正好有一块状电吸附异常存在。

二、广西桂中坳陷柳州西部地区油气化探普查评价[29]

（一）测区地质概况

测区位于广西柳州市西部。在区域地质构造上位于桂中坳陷中的宜山凸起与来宾凹陷过渡地带偏来宾凹陷一侧。测区地表出露地层以石炭系分布最广，上泥盆统次之，在测区的西南角见二叠系栖霞组零星分布，均为浅海相沉积岩。桂中坳陷的生油层可分为泥质岩及碳酸盐岩两大类，泥质岩类生油岩主要集中在中、下泥盆统，碳酸盐岩生油层各层系中均有分布，但以泥盆系最厚。储集层主要为泥盆系及下石炭统。桂中坳陷中共有四套生储盖组合：第一套组合由下泥盆统莲花山组(D_1l)砂岩及那高岭组(D_1n)和郁江组(D_1y)泥岩组成；第二套组合由中泥盆统应堂组(D_2i)的泥岩及其下伏的灰岩、砂岩组成；第三套组合由中泥盆统东岗岭组(D_2d)中的泥岩及其下伏的灰岩组成；第四套组合由下石炭统泥岩及上泥盆统碳酸盐岩组成。桂中坳陷从泥盆系至三叠系均有油气苗显示，油苗多为晶洞型、裂隙型或裂隙晶洞型，除此之外在不少地区均见有碳质沥青分布。因此，在该区寻找油气藏有一定的前景。

本次油气化探普查面积为 1600 km^2，常规化探测线 41 条，测网 1000 m×500 m，采集样品 3359 件；电吸附法测网为 1000 m×1000 m，测试样品 1680 件。测区主要为灰岩分布区，土壤层厚度不稳定，山顶土壤较薄，山脚土壤较厚，因此采样深度没有统一规定，通常山顶样品一般采 40～50 cm 的 B 层土壤，山脚样品一般采 60～80 cm 的 B 层土壤。土壤性质以黏土、亚黏土为主，其次为亚砂土，砂土很少。样品进行电吸附 Cu、Pb、Cr、Ti、V、Ni、Sn、Mn、

Zn 等的测定和常规油气化探指标 C_1、C_2、C_3、$\triangle C$、Hg、Fe^{2+}、κ 等的测定。

（二）测区地球化学异常特征及推断解释

为了简化内容和减少图幅，下面仅介绍部分指标的异常特征。

1．测区地球化学异常特征

A　烃类异常特征

从烃类异常平面图（图 6-13）可以看出，C_1、C_2、C_3 异常主要出现在测区的中间地带，沿 NE—SW 方向展布。从局部上看，3 个指标的异常形态相似，呈大片面状、团块状、港湾状。从整体上看，异常可分为两大区：Ⅰ号异常区分布于测区中间地带的东北部，各指标异常形态相似，分布位置基本吻合，由一系列大小不一的块状、面状异常群组成，具有环带状异常镶嵌面状异常的结构，异常环带近似椭圆形，规模巨大，长轴约 18 km，短轴约 12 km，面积约 180 km^2，异常强度高，衬度大（表 6-1）；Ⅱ号异常区分布于测区中间地带的西南部，各指标异常形态相似，分布位置基本吻合，呈断续环带状，中间散布一些面积较小的团块状异常，异常环带近圆形，规模巨大，直径约 12 km，面积约 120 km^2，异常强度和衬度也相对较高，但比Ⅰ号异常区低些（表 6-1）。

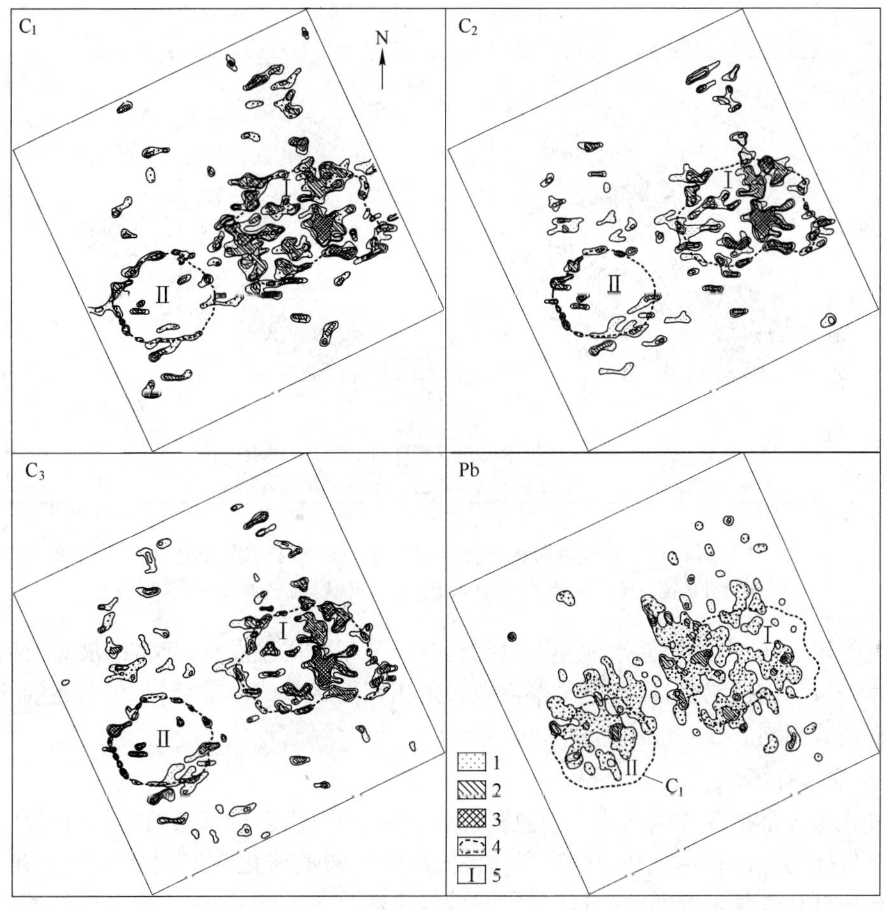

图 6-13　柳州西部测区土壤地球化学异常平面图

1—异常外带；2—异常中带；3—异常内带；4—烃类环状异常连线；5—异常区编号

表 6-1　柳州西部测区Ⅰ、Ⅱ号异常区异常强度和衬度

指　标	Ⅰ号异常		Ⅱ号异常		含量单位
	异常强度	异常衬度	异常强度	异常衬度	
C_1	446.5	235.0	94.91	50.0	μL/kg
C_2	23.87	159.1	6.56	43.7	
C_3	8.12	116.0	2.52	36.0	
△C	0.55	5.85	0.47	5.00	%
Fe^{2+}	2.09	3.22	2.05	3.15	

B　电吸附指标异常特征

从电吸附指标 Pb、Mn、Ni 异常平面图(图 6-13、图 6-14)可见,它们与烃类指标异常一样,主要分布于测区的中间地带,沿 NE—SW 方向展布。从局部上看,各指标异常的形态近似,主要呈大片面状、团块状、港湾状等,异常的分布位置也基本吻合。从整体上看,异常可分为两大区:Ⅰ号异常区分布于测区中间地带的东北部,Ⅱ号异常区分布于测区中间地带的西南部,正好分别对应于烃类指标的Ⅰ号和Ⅱ号异常区的分布位置,不过其异常群主要分布于烃类指标的环带异常内。

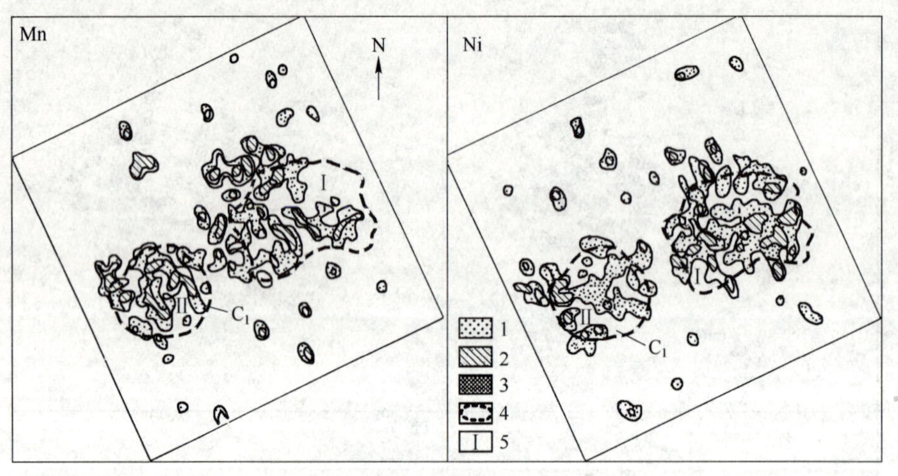

图 6-14　柳州西部测区土壤电吸附 Mn、Ni 异常平面图

1—异常外带;2—异常中带;3—异常内带;4—C_1 环状异常连线;5—异常区编号

综上所述可知,本区烃类指标和电吸附指标异常相对比较发育,异常的展布方向和分布位置大体一致,具有烃类指标环带晕镶嵌电吸附指标面状晕的异常结构,与前述油气田地球化学异常模式相同。

2. 异常推断解释

油气化探异常是各种地球化学信息的综合反映,可以由多种因素引起,自然界中广泛存在着烃类气体,如气田、油气田、油田、生油岩、近代生物地球化学作用及地表污染干扰等。为了进行地球化学异常解释,区分烃气的成因及来源是很重要的,这方面可以根据烃类某些比值和甲烷碳同位素来进行判别。

A　烃类某些比值

(1) 干燥系数[42]:包括 $C_1/\Sigma C_n$、C_1/C_2、$C_3\times100/C_1$,这些比值主要反映甲烷气与重烃组分之间的比例变化关系,从气田→油气田→油田,烃类组分由甲烷为主渐变为以重烃为主,所以 $C_1/\Sigma C_n$ 和 C_1/C_2 的比值由大变小,而 $C_3\times100/C_1$ 则由小变大。V T Jones 等人在研究了油田和天然气上方的土壤油气化探异常之后,总结了这些比值的变化范围(表 6-2)。

表 6-2　不同地区油气田烃类比值与经验值比较表

地　区		$C_1/\Sigma C_n$	C_1/C_2	$C_1+C_2/C_3+C_4+C_5$	$C_3\times100/C_1$
柳西Ⅰ号异常区		0.924	69.71	236.87	1.90
柳西Ⅱ号异常区		0.876	34.85	82.19	4.10
四川威远气田		0.92	13.12	77.13	2.0
四川白马庙气田		0.96	23.40	70.60	0.8
大港板桥凝析油气田		0.91	10.34	27.62	1.99
大港沧州—南皮油气田		0.91	11.56	26.38	2.51
经验值	气	>0.95	20~100	$n\times10\sim n\times100$	0.2~2.0
	石油伴生气	0.75~0.95	10~20	<40	2~6
	油	0.5~0.75	4~10		6~50

(2) 平衡系数[13]:$C_1+C_2/C_3+C_4+C_5$,由 J H Worth 提出。由于 $C_3\sim C_5$ 在浅层形成的可能性较小或形成量不多,因而该系数可以用来考察浅层形成甲烷、乙烷的可能性和判断烃类气体的成因。据崔秀荣统计,在近代生物地球化学作用活跃地区,该系数高达几十到几百,而生油岩系只有 2~20,油气化探异常一般小于 40(表 6-2)。

由表 6-2 可见,本区两个异常区各种参数与经验值比较,除 $C_1/\Sigma C_n$ 比值和Ⅱ号异常区的 $C_3\times100/C_1$ 比值属于石油伴生气的范围之外,其余各种参数都属于天然气的范围。

B　甲烷碳同位素

甲烷碳同位素($\delta^{13}C_1$)也是判别烃气来源与成因的一个参数。由于碳同位素的分馏作用,使不同成因、不同演化阶段的油气具有不同的 $\delta^{13}C_1$ 值。根据国内外大量资料可以总结出一般规律:现代生物成因气 $\delta^{13}C_1$ 为 -55‰~-100‰,石油伴生气为 -35‰~-55‰,热裂解气大于 -35‰,煤系气为 -22‰~-35‰,深源成因甲烷气为 -20‰左右(据王启军等,1988)[14]。

从表 6-3 可见,本区两个异常区的 $\delta^{13}C_1$ 变化范围很窄且很相近,在 -24.60‰~-34.05‰之间,与威远气田较相近,明显大于沧州—南皮油气田和板桥油气田,与经验值比较,属于煤成气的变化范围。从图 6-15 可以看出,本区异常的 $\delta^{13}C_1—C_1/C_2+C_3$ 投点绝大部分落在煤成气的范围内,只有少数落在其他成因气和煤成气区的混合区。

综上所述,本区的烃类异常可能由天然气引起,天然气的成因主要为煤成气。据此推断,本区两个异常区可能由两个巨大型的煤成气田引起,具有很大的找气前景,值得进一步工作。

表 6-3　不同地区油气田甲烷碳同位素($\delta^{13}C_1$)与经验值比较表

地　　区		样 品 个 数	变化范围/‰	平均值/‰
柳西Ⅰ号异常区		29	−27.71～−32.53	−29.20
柳西Ⅱ号异常区		5	−24.60～−34.05	−30.07
四川威远气田			−27.14～−35.55	−31.10
大港沧州—南皮油气田		33	−33.36～−44.27	
大港板桥油气田		8	−33.94～−35.39	
经验值	生物成因气		−55～−100	
	石油伴生气		−35～−55	
	热裂解气		>−35	
	煤 成 气		−22～−35	
	深源成因甲烷气		−20 左右	

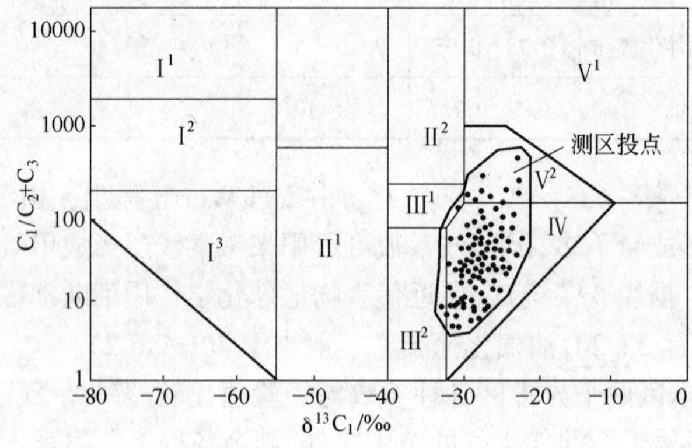

图 6-15　鉴别各类甲烷成因的 $\delta^{13}C_1$—C_1/C_2+C_3 图解(据戴金星等,1992)[15]

Ⅰ^1—生物气;Ⅰ^2—生物气和亚生物气;Ⅰ^3—亚生物气;Ⅱ^1—原油伴生气;Ⅱ^2—油型裂解气;Ⅲ^1—油型裂解气和煤成气;Ⅲ^2—凝析油伴生气和煤成气;Ⅳ—煤成气;Ⅴ^1—无机气;Ⅴ^2—无机气和煤成气

三、大港油田庄海 1×1 井异常区

庄海 1×1 井位于羊二庄裙边构造带北段,羊二庄断层东端的滩海地段,南面是埕宁隆起。地表为第四系海岸平原景观。

在该区开展一条剖面的土壤电吸附找矿工作,采样点距 500 m,经资料整理发现(图 6-16),在 21～27 号点之间出现很清晰的连续性较好的 Co、Ni、Cr、Mo、Zn、V、Cu、Mn、Pb 组合异常,异常宽度约 3000 m。根据异常组合特点和发育特征,认为该异常具有寻找油气的前景。有关生产部门综合三维地震、油气地质评价和油气化探成果,经钻探庄海 1×1 井获得工业油流。油藏埋深 1600～2000 m,油质较轻,油气产层主要为明化镇组和馆陶组。

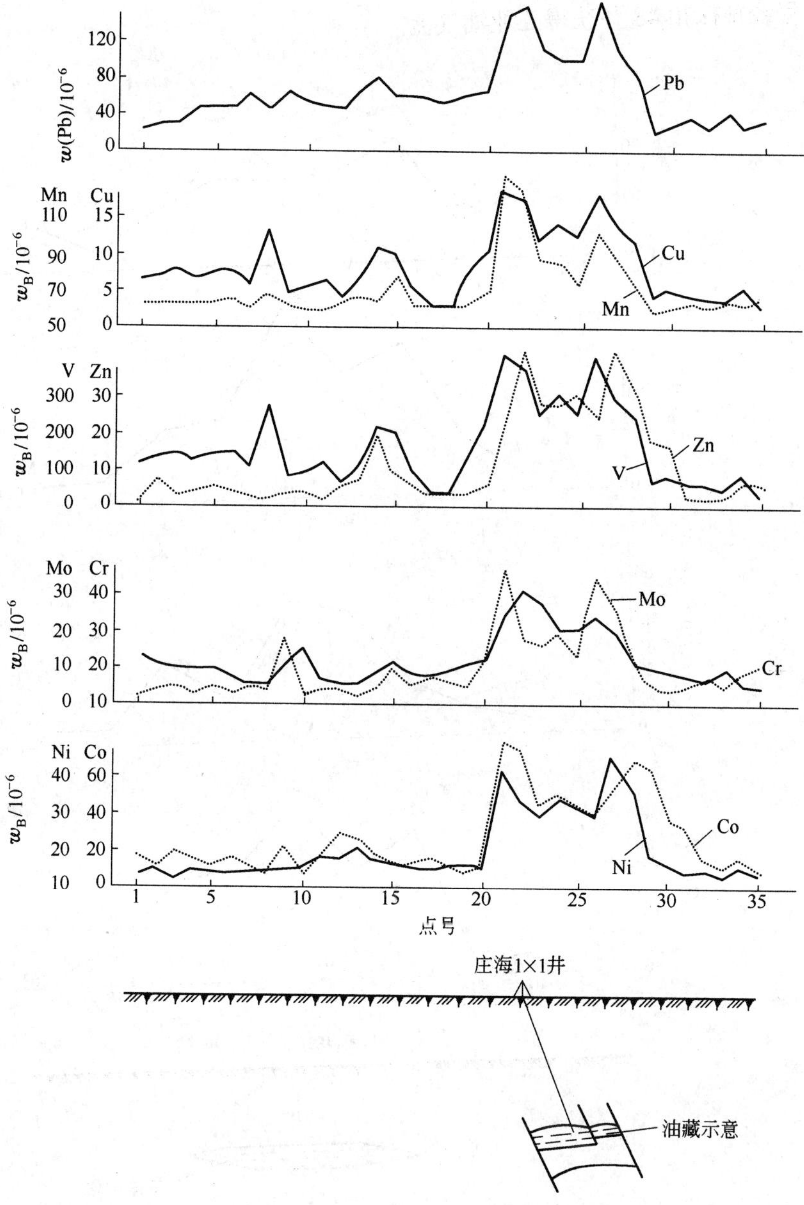

图 6-16 大港油田庄海 1×1 井土壤电吸附异常剖面图

四、大港油田扣 48 井异常区

扣 48 油井位于羊二庄断裂带上，地貌景观为第四系冲积平原。主要含油层系为明化镇组和馆陶组，是依附于羊二庄断层的断鼻圈闭，油藏类型为河道砂体岩性油藏，油藏埋深 1600～1800 m，油质重。

2001 年，在该区开展油气化探工作，采样点距 500 m，6 线穿过该油井位置，当时该位置未设计井位。从图 6-17 中可看出，在 42～46 号点之间出现很清晰连续的 Cu、Pb、Cr、V、Ni、Mo、Mn、Zn 异常，异常宽度约 2000 m。有关生产部门综合地质、地震和油气化探成果，于

2002年经钻探扣48井获得工业油气流。

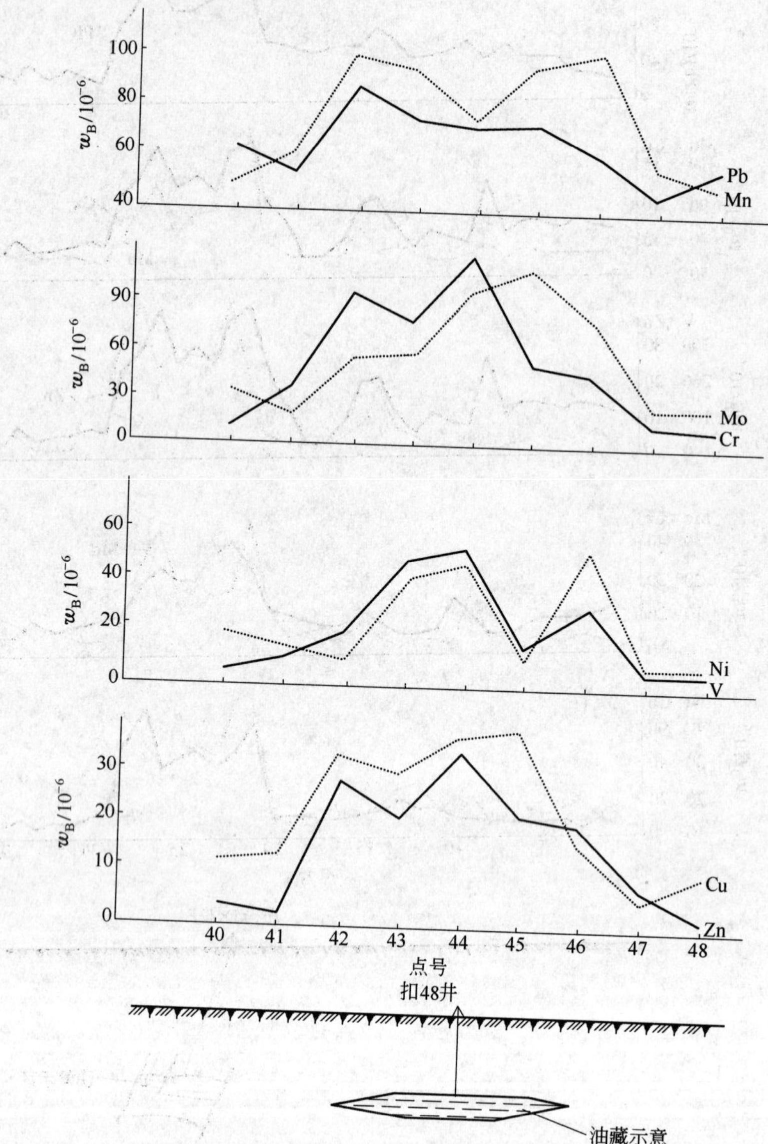

图6-17 大港油田扣48井土壤电吸附异常剖面图

结 束 语

电吸附找矿法的研究工作历时十余年,通过大量的试验研究和应用研究,该技术方法已基本成熟,目前我们已从试验阶段转入应用阶段。下面是我们的几点认识和体会。

(1) 一种地球化学找矿新方法的建立必须有理论依据,没有理论依据就如无源之水,无本之木,没有生命力。电吸附找矿法是在野外地电提取法的理论基础上发展起来的,与地电提取法相比只是在技术方法上进行了一些重大的改进,因此,该方法的建立如同地电提取法的建立一样,是有充分的理论依据的,是经得起实践检验的。

(2) 从理论上讲,电吸附找矿法可应用于寻找各种成矿类型的金属矿床和油气藏,不过,对于寻找非热液成因的近代或现代形成的金属矿床,如沉积矿床、冲积矿床和砂矿等,因其形成年代相对不长,矿物质未来得及溶解或溶解的不多,用电吸附找矿法可能效果不佳。

(3) 对于寻找金属矿来说,电吸附找矿法测定的指标是矿床的成矿元素和伴生元素,因此是一种直接的找矿方法;对于寻找油气来说,电吸附找矿法测定的指标不是油气的重要组分烃类,而是其伴生组分微量元素,因此是一种间接的找矿方法。

(4) 深埋藏隐伏矿溶解出来的矿物质可通过长距离运移在地表聚集形成后生异常,这种异常浓度很低,用常规化探方法很难发现它,而电吸附找矿法却能捕获它,因此,电吸附找矿法的主要作用是寻找常规化探方法难以发现的盲矿和掩埋矿。对于寻找露头矿和浅埋藏矿可采用常规化探方法,不必用电吸附找矿法。

(5) 电吸附找矿法寻找隐伏矿的效果是毋庸置疑的,寻找埋深 100～200 m 的金属盲矿体的效果已被未知区的找矿实例所证实;从已知矿的试验结果上看,寻找埋藏更深的隐伏矿体估计也是有效的;寻找隐蔽油气藏则可深达数千米。在寻找油气时,最好与常规油气化探方法相结合,这样才有可能取得更好的效果。

(6) 电吸附找矿法的野外工作方法与常规化探方法完全一样,没有特殊要求;它可用于土壤、岩石地球化学找矿的各个找矿阶段;其他找矿方法如水系沉积物地球化学找矿等不宜应用。

(7) 现代矿山的矿渣、废石堆可形成没有找矿意义的碎屑异常,是常规化探土壤测量很重要的干扰因素之一。从找矿试验结果上看,电吸附找矿法似乎不受这些因素的影响,其主要原因是电吸附找矿法所提取的物质是呈活动态的组分,因现代矿山的矿渣、废石堆堆积的时间都不太长,其矿物质未来得及溶解或溶解的不多,因此,电吸附找矿法不受其影响或影响相对很小。

(8) 电吸附找矿法与盐晕找矿法、偏提取找矿法、冷提取找矿法、地电提取测量法等一样,都是提取后生异常中的活动态组分,只是技术方法不同而已。与其他类似方法相比,它具有室内设备简单,技术方法容易操作,成本低廉,工作效率高,易于普及推广和扩大规模生产应用等优点。

(9) 由于种种原因,电吸附找矿法的找矿有效性试验从矿床成因类型和成矿类型上还不齐全。由于找矿试验和找矿实践还有限,对金属矿床的电吸附异常空间分布模式的研究还不够深入。这方面都有待进一步开展研究工作。

任何一种找矿新方法都不可能是十全十美的,电吸附找矿法也是如此,它还需要在找矿实践中不断补充、修改、完善。我们坚信,电吸附找矿法具有广阔的应用前景,它有可能在寻找隐伏矿方面发挥一定的作用。

参考文献

1 阮天健,朱有光.地球化学找矿.北京:地质出版社,1985

2 罗先熔.地球电化学勘查及深部找矿.北京:冶金工业出版社,1996

3 刘吉敏.一种新的隐伏矿勘查技术——地电化学法的现状和展望.物探与化探,1993(1)

4 李金铭,卢军.电提取法基础理论研究.物探与化探,1992(4)

5 康明,罗先熔.地电化学方法的改进及应用效果.地质与勘探,2003(5)

6 周子勇,Путиков О Ф.石油层上方重金属射流晕分布的数学—物理模型.物探与化探,2002,(5)

7 黄书俊.油气藏土壤地球化学异常理想模式及其控制因素.矿产与地质,1993(2)

8 吴传璧.油气化探理论和方法的若干问题.物探化探译丛,1990(6)

9 吴传璧,邱郁文,陈玉明,施俊法.油气化探发展脉络与思考.北京:地质出版社,1996

10 李明诚.石油与天然气运移.北京:石油工业出版社,1994

11 刘崇禧,徐世荣.油气化探方法与应用.中国科学技术大学出版社,1992

12 贾国相,黄书俊,曾永超,陈远荣.湘南—粤北地区铅锌矿床铁帽地球化学特征及某些铁帽含矿性评价.地质与勘探,1986(2)

13 崔秀荣.沉积物中吸附气态烃特征与找油指标.油气化探,1988(7)

14 王启军,陈建渝.油气地球化学.中国地质大学出版社,1988

15 戴金星,裴锡古,戚厚发.中国天然气地质学,卷一.北京:石油工业出版社,1992

16 林清,傅家谟,刘德汉,盛国英,卢家烂.油气演化与一些金矿床成因的关系.地球化学,1993(3)

17 王学求.新类型难识别矿地球化学勘查.物探与化探,2004(3)

18 周奇明,张茂忠,李水明,赖锦秋,黄华鸾.电吸附找矿方法寻找隐伏金矿床的研究.矿产与地质 1996(3)

19 周奇明,张茂忠,李水明,赖锦秋,黄华鸾.电吸附法寻找隐伏矿床在河北后沟金矿试验结果.物探与化探,1998(6)

20 周奇明,卢宗柳,赖锦秋,黄华鸾,姚锦其.电吸附找矿方法在王河金矿的试验效果.矿产与地质,2000(4)

21 周奇明,赵友方,黄华鸾,姚锦其,赖锦秋.利用室内电提取法寻找隐伏矿床的试验.物探与化探,2001(3)

22 周奇明,周立宏,董树政.电吸附找矿方法.物探与化探,2004(3)

23 周奇明,黄书俊,杨芳芳,陆一敢.电吸附找矿法的应用效果.矿产与地质,2005(6)

24 姚锦其,周奇明,张萍.电吸附法寻找隐伏铜、金矿的试验效果.矿产与地质,1999(3)

25 贾国相,黄书俊,栾继琛等.无机与有机地球化学勘查技术方法研究与应用.北京:冶金工业出版社,2005

26 杨忠芳,汪明启,刘丽华,高延光,刘艳青,于涛,唐金荣.北祈连高寒山区景观寻找隐伏矿化探方法技术研究报告(内部资料).中国地质大学(北京),2002

27 王继华,王雅静,邓国英.江西富家坞斑岩铜(钼)矿床指示元素存在形式研究小结(内部资料),1977

28 周奇明,姚锦其,赵友方,黎绍杰等.沧州—南皮地区化探普查评价(内部资料),2003

29 姚锦其,周奇明,覃宗光,何政才等.广西桂中坳陷柳州西部地区油气化探概查评价(内部资料),2004

30 周奇明,黄书俊等.福建省德化县洪鑫金矿化探评价报告(内部资料),2005

31 中国有色金属工业总公司矿产地质研究院等.广西百色盆地油气综合化探方法研究及远景评价(内部资料),1990

32 雷斯 Ю С.地电化学勘探法.张肇元,霍霏沛译.北京:地质出版社,1986

33 Путиков О Ф等.油气藏上方重金属元素气流型分散晕及其在评价油气藏参数中的应用.邱郁文译.油气化探,2001,8(3)

34 Якуценц С П.波兰石油和凝析油中的金属元素.邱郁文译.油气化探,1999,6(1)

35 Берман Ю С等.原油和围岩的微量元素的相互关系.邱郁文译.油气化探,1996,3(1)

36 Govett G J S.通过测定小间距地表土壤样品的 H^+ 和电导率寻找深埋的和盲的硫化物矿床.黄书俊译.金属矿床地质与勘查译丛,第四辑,地球化学探矿法.中国有色金属工业总公司矿产地质研究院编,1985
37 Silvenas P,Beales F W.与硫化物矿床有关的天然地电池—Ⅰ.理论研究.余平译.金属矿床地质与勘查译丛,第四辑,地球化学探矿法.中国有色金属工业总公司矿产地质研究院编,1985
38 Silvenas P,Beales F W.与硫化物矿床有关的天然地电池—Ⅱ.野外研究.郦今敖译.金属矿床地质与勘查译丛,第四辑,地球化学探矿法.中国有色金属工业总公司矿产地质研究院编,1985
39 Duchscherer W Jr.油气藏的化探方法.徐年生译.国外地质科技,1981(5)
40 Tompkins R.直接定位法——一种统一的理论.油气化探,1991(10)
41 Smee B W.地电化学作用增强了离子穿透冰湖沉积物迁移能力的实验资料和野外证据.章华译.金属矿床地质与勘查译丛,第四辑,地球化学探矿法.中国有色金属工业总公司矿产地质研究院编,1985
42 Jones V T 等.以近地表地球化学法预测油气潜力.潘自民译.石油地质情报,1987(4)
43 彼列尔曼 A И.后生地球化学.龚子同等译.北京:科学出版社,1975
44 中国科学院地球化学研究所编.高等地球化学.北京:科学出版社,2000